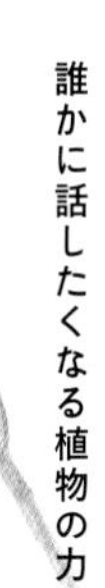

イネ

私たちの科学は、1枚の小さな葉っぱにも及んでいない！植物たちは、葉っぱで、根から吸った水と空気中の二酸化炭素を材料にして、太陽の光を使ってブドウ糖やデンプンをつくる、光合成をしています。たとえば、一粒のおコメは秋には一株に成長し、約20本の穂が出ます。一本の穂には、少なくとも約80粒のおコメが実ります。この増え方が、〝光合成の力〟です。

↓36ページ

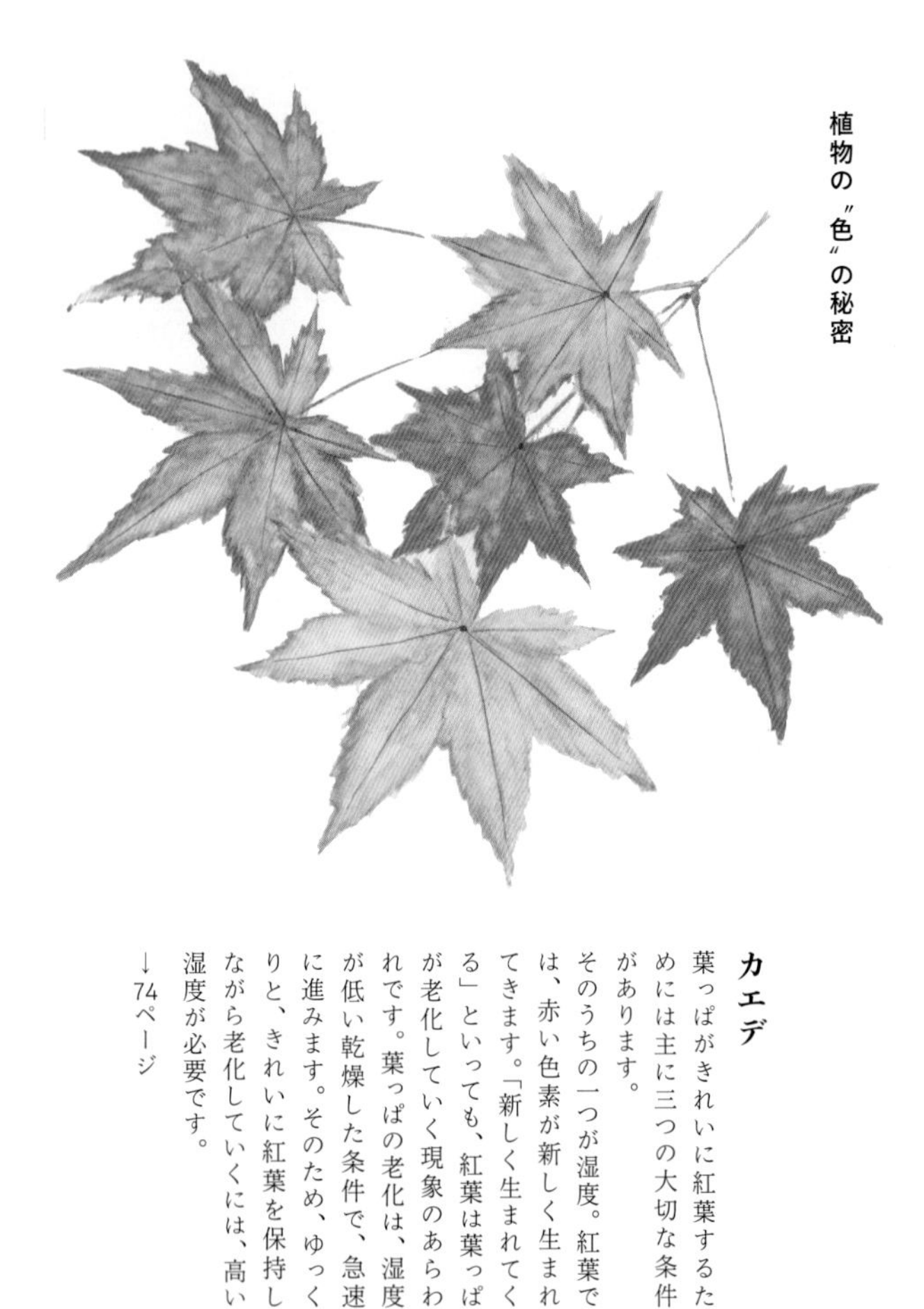

カエデ

葉っぱがきれいに紅葉するためには主に三つの大切な条件があります。
そのうちの一つが湿度。紅葉では、赤い色素が新しく生まれてきます。「新しく生まれてくる」といっても、紅葉は葉っぱが老化していく現象のあらわれです。葉っぱの老化は、湿度が低い乾燥した条件で、急速に進みます。そのため、ゆっくりと、きれいに紅葉を保持しながら老化していくには、高い湿度が必要です。

↓74ページ

オオオニバス

白い花は虫に目立ち、虫は赤い色に鈍感。

オオオニバスは、二日間にわたり、一つの花を夕方に2回開かせます。1回目は白い花びらが開き、強い香りとともに虫たちをおびき寄せて花を閉じます。

2回目の開花では赤みがかった花びらに変わりますが、虫たちは赤色に鈍感なので寄ってきません。

↓90ページ

植物の〝香り〟の秘密

ウメ

植物の香りの魅力は、心地よいだけでなく、遠くまで漂わせる〝飛び道具〟となります。ウメは、遠くまで香りを漂わせるだけでなく、質のいい豊かな香りを漂わせます。この香りは「γ-デカラクトン」といわれる成分です。

↓113ページ

オオシマザクラ

葉っぱから出る香りは、虫に食べられることへの防御反応。桜餅に使われる葉は、主にオオシマザクラの葉です。葉っぱを塩漬けにすることで、「クマリン」という香りの成分が出ます。虫に食べられて葉っぱが傷つくと、このクマリンの香りを出して、防御します。

↓123ページ

植物の〝味〟の秘密

ツツジ

植物たちは、花によって来てくれる虫たちに蜜を与える場所を教えます。ツツジやゼラニウムなどの花びらの一部分に斑点のような模様がありますが、その模様は虫に蜜のありかを教えてくれているのです。もちろん、その模様に沿って蜜までたどり着いたら花粉がつくようになっています。

↓147ページ

カタバミ

虫や鳥に嫌がられる「味」でからだを守っています。

虫や鳥に食べられないよう、植物たちはいろいろの味を工夫しています。たとえば、酸っぱい成分、シュウ酸を身につけている雑草、カタバミは、葉を食べられないよう、おいしくない味にしています。

↓153ページ

からだを守る〝物質〟と〝しくみ〟の秘密

モロヘイヤ

植物は、食べ尽くされないために毒をもっています。モロヘイヤというたいへん栄養のある野菜は、葉っぱをいくら食べてもいいのです。でも、モロヘイヤにとっては、花を咲かせてタネをつくると、それを食べられては困ります。そこで、タネができる部分には、「ストロファンチジン」という有毒な物質をつくります。植物たちは、そうすることで自分のからだを守っているのです。

↓226ページ

誰かに話したくなる植物たちの秘密

田中 修

大和書房

はじめに

本書は、植物たちの〝魅力〟をテーマにしました。植物たちには、私たちの心を惹きつける魅力が満ちあふれています。葉っぱは、明るく緑に輝き、花々は、美しくきれいな色で装い、いい香りを漂わせます。野菜や果物は、おいしさを味わわせてくれます。

このように表現すれば、植物たちの魅力は、多くの人々には十分納得してもらえます。しかし、もう少し丁寧に、植物たちの魅力に目を向けると、それぞれの植物たちの魅力は、多種多様であり、きわめて個性的なものであることが見えてきます。

たとえば、葉っぱは、「明るく緑に輝く」と形容されるだけのものではありません。それぞれの植物が、自分独自の形や大きさ、厚さやつやなど、他の植物とは違った特徴の葉っぱをもっています。また、樹木なら、季節の移ろいに呼応して、葉っぱの色を新緑から深い緑色に変えます。黄葉や紅葉に染まるように変化させるものもあります。

「花々が、美しくきれいな色で装い、いい香りを漂わせる」のは、そのとおりです。でも、それぞれの植物が、他の植物とは異なる色や形、大きさの花を咲かせ、独自の香りを漂わせ、蜜の味にも工夫を凝らしています。咲く時期もそれぞれなので、私たちは花で時の流れを感じることができます。

野菜や果物では、「おいしさを味わわせてくれる」と表現されます。でも、その味わいは、同じものではなく、それぞれの野菜や果物でさまざまです。甘かったり、酸っぱかったり、苦かったりと変化に富んでいます。

これらの植物たちの魅力は、目で眺めたり、鼻で感じたり、口で味わったりすることができるわかりやすいものです。しかし、植物たちの魅力は、このように目立つものばかりではありません。それぞれの植物たちは、目立つ魅力に隠れるように、生きるための〝しくみ〟を身につけて、独自の〝物質〟をつくり出しています。たとえば、植物たちは、食べられても、刈られても、折られても、からだを再びつくり直す力をもっています。その力は、からだを再生するしくみに裏づけられています。また、自分のなわばりを守るためのしくみを備え、そのための物質をつくります。

これらの物質やしくみは、植物たちのたくましい生き方を支えています。また、私たちに、「植物の生き方は、不思議だ」と感じさせてくれる魅力となっているのです。

それぞれの植物たちは、自分独自の個性的で、多種多様な魅力をもち、その魅力を究極に高めて生きているのです。そのことを理解すると、「なぜ、植物たちは、それほど個性的に魅力的でなければならないのか」という素朴な疑問が浮かびます。その答えは、主に三つにまとめることができます。

一つ目は、植物たちが子孫を残すためです。それぞれの植物の花がきれいな色やいい香り、おいしい蜜の味をもつのは、ハチやチョウを誘って、花粉を運んでもらい、タネ（子孫）を残すためです。また、果物は、色や香りで、動物を引き寄せて食べてもらい、タネを散布してもらうためです。

二つ目は、植物たちが自分のからだを守って生きていくためです。植物たちは、約4億7千万年間をたくましく、地球の陸上で生き抜いてきています。植物たちが身につけている香りや味わい、目に見えぬしくみや物質などは、からだを守り、生き抜くためにはたらいているのです。

三つ目は、植物たちが人間と共存、共生していくためです。私たち人間と植物たちは、多岐にわたる分野でつながりをもっています。植物たちが、私たち人間の食料を賄い、健康を支え、環境を守り、エネルギーを供給してくれています。また、私たちは、植物たちを、歌や絵画の題材とし、日々の暮らしの素材として、利用してきているのです。

植物たちは、これらの三つの役割を果たすために、魅力を生かして、活躍しているのです。それらの活躍ぶりは、私たちの日々の話題になります。本書では、誰かに話したくなるような植物たちの魅力の〝正体〟と〝秘密〟を紹介しています。

植物たちの話題は尽きることがありません。といっても、本書で紹介できる話題には限りがあります。しかし、それらをきっかけにして、多くの方々が、植物たちへの興味の幅を広げ、知識を深め、植物の生き方に関心を持ち続けてくださることを願っています。本書が、植物たちの魅力を介して、私たち人間と植物たちとの多岐にわたるつながりを見直し、今後も、私たちが、植物たちとともに、豊かな心で暮らせる人生と社会を考えるための足がかりとなってくれれば幸いです。

２０２３年１月

田中　修

第1章　誰かに話したくなる植物の力

第2章　植物の〝色〟の秘密

第3章　植物の〝香り〟の秘密

第4章 植物の〝味〟の秘密

第5章 植物の〝からだを守る物質〟と〝しくみ〟の秘密

第1章

誰かに話したくなる植物の力

植物には〝生き方〟がある

動きまわらずに生きる！

植物の研究分野には、いろいろあります。その中で、私の専門は、「植物生理学」という分野です。これは、多くの人に聞きなれない言葉です。そのため、「どんなことをする分野ですか」と聞かれることがあります。

そのようなとき、「〝**植物たちの生き方**〟を知ろうとする分野です」と答えます。すると、「植物に、生き方ってあるのですか」と問われることがあります。植物たちに、生き方はあります。

たとえば、私たち人間を含む動物の生き方と比べてみてください。いろいろな違いが思い浮かびますが、もっともわかりやすいのは、「**植物たちは、動きまわらない**」ということです。

私たち人間は、植物たちに対して、**「植物は、動きまわることができない」**というような表現を使います。あたかも、動きまわることができる動物のほうが生き物として優れているかのような、上から目線の言い方です。

しかし、植物たちは、動きまわることができないのではありません。もし植物たちが正直な気持ちを伝える機会があれば、「自分たちは、動きまわることができないのではなく、動きまわる必要がないのです」と言うはずです。

「動きまわらない生き方」と「動きまわる生き方」のどちらが優れているか、劣っているかの優劣をつける必要はありません。ただ、植物たちの生き方として、「動きまわる必要がない生き方」があることを理解してほしいと思います。

根を土の中に生やし、手も足もない植物たちは、動きまわろうとしても、動きまわることができません。だから、「動きまわる必要がない」というのは、植物たちの〝負け惜しみ〟のように思われるかもしれません。

しかし、「動きまわることができないのか」、あるいは、「本当に、植物たちは動きまわる必要がないのか」は、わかりやすく吟味、検証することができます。なぜなら、動物は意味もなくウロウロ動きまわっているわけではないからです。

「動物が動きまわる理由」を考え、そのそれぞれの局面で、植物たちがどうしているかを考えれば、「動きまわることができないために、何か卑屈な不自由な生活を強いられているか」、あるいは、「本当に動きまわる必要がないのか」が見えてきます。ですから、「動物がウロウロと動きまわる理由」をお考えください。

誰もが思い浮かべる、動物が動きまわる大切な理由の一つは、「食べ物を探し求めるため」です。すべての生物は、生命活動を営むためにエネルギーが必要です。そのエネルギーを得るために、食べ物が必要です。そのため、動物は食べ物を探し求めてウロウロと動きまわります。

ところが、植物たちは、根から吸った水と、空気中の二酸化炭素を材料として、太陽の光を使って、ブドウ糖やデンプンをつくっています。この反応は、「光合成」といわれます。

光合成でつくられるデンプンは、私たちが主食にしているおコメ、ムギ、トウモロコシの主な成分です。そして、ブドウ糖も、エネルギーの源です。

病気になって食欲がなくなり、病院に行くと点滴注射を受けることがあります。そのような機会はないほうがいいのですが、もしあれば、点滴のために上からぶらさがっている袋を見てください。袋の中に何が入っているかが、袋の表面には書かれています。「ブドウ糖」と書いてあるか、あるいは、英語名で「グルコース」と書かれています。ブドウ糖は、生きていくためのエネルギーを発生させる源となる物質なのです。

植物たちは、ブドウ糖やデンプンなどの生きていくために必要なエネルギーとなる物質を自分でつくっているのです。そのため、動物のように、食べ物を探し求めて、ウロウロと動きまわる必要はありません。植物たちは、「動物は、食べ物を探し求めて動きまわらなければならない、かわいそうな生き物だ」と思っているかもしれません。

植物たちは、根から吸った水と空気中にある二酸化炭素を材料に、太陽の光を受けて、栄養をつくり出して生きています。**水も二酸化炭素も、太陽の光も、植物たちの完全な自給自足なのです。**

「完全な自給自足というけれども、そんなことはない。植物を栽培するときには、私たちが水や肥料を与えるではないか」と反論する人もいます。しかし、人間が水や肥料を与えるのは、人間の身勝手な理由です。

「早く成長させたい」「収穫量を増やしたい」「おいしい野菜や果実をつくりたい」「きれいな花を咲かせたい」などの願いを込めて、水や肥料を与えるのです。自然の中の植物たちは、私たち人間が水や肥料を与えなくても、容易に枯れたりはしません。**自然の中では、多くの植物たちが、人間から水や肥料をもらわなくても、自給自足で生きているのです。**

　動物が動きまわる二つ目の理由は、「**子どもを残すために、生殖の相手を探し求める**」ためです。多くの動物は、オスとメスがからだを合体させることにより、子どもをつくります。

　ですから、合体するための相手が必要です。そのために、動物は相手を探し求めてウロウロと動きまわるのです。私たち人間も例外ではありません。このために動きまわり、その活動に多くの時間を費やすことがあります。

　では、植物たちはどうしているのでしょうか。植物たちは、子どもを残すという目的のために、動きまわることはありません。花粉を運んでくれるハチやチョウ、鳥などを引き寄せます。そのためには、引き寄せるための魅力が必要です。その魅**力をつくり上げるために、色と香り、味に、植物たちは工夫を凝らしています。**

　動物が動きまわる三つ目の理由は、「**自分のからだを守る**」ためです。そのために、動物が動きまわる局面はいろいろあります。強い太陽の光が照りつけたときには、それを避けて、日陰に移動することもあります。また、何かに襲われるような身の危険を感じたら、安全なところへ逃避します。

　この三つ目の理由について、植物たちが、動きまわることなく、どのように対処しているかのいくつかの例を、本書では、取り上げる色と香り、味やしくみで紹介します。

「実り多き生涯」を生きるために

　それぞれの植物たちは、自然の中で、動きまわらず、自給自足で生きています。一方、私たち人間は、仲間の人たちと仕事を分担し、協力して、助け合って、頼り合って生きています。仲間とともに寄り添って生きているのです。

　そのため、「動きまわらず、自給自足で生きる」ことや、「自然の中で、自分だけで暮らす」というのは、「あまりに味気ない、寂しい生き方ではないか」と思われがちです。「植物には、仲間とのつながりというようなものはないのか」との疑問が浮かびます。

たしかに、植物たちの生き方は、自給自足で、一見、仲間とのつながりがないように見えます。しかし、そうではありません。植物たちは、自分の仲間の植物たちや、他の種類の植物たちにも気をつかって、つながりを保って生きています。

植物たちの仲間とのつながりを象徴するのが、**「実り多き生涯」**という言葉です。この「実り多き」という言葉は、植物たちがすばらしい多くの実をならせることにちなんだ表現です。私たち人間の場合、若い人々が社会に巣立っていく卒業式や、結婚式のような新しい人生の門出に際して、「実り多き生涯でありますように」というように、この言葉が贈られます。

しかし、この言葉が頻繁に使われる割には、「植物たちが多くの実を結ぶために、もっとも大切にしていることが、何であるか」は、意外と知られていません。何だと思われますか。

多くの植物たちは、実を結ぶために、花粉の移動をハチやチョウ、鳥などに託します。すばらしい実を確実に結び、実り多き生涯となるためには、花粉をたくさんつくることや、ハチやチョウ、鳥などをうまく呼び寄せることが大切です。

そのため、ハチやチョウなどに目立つように、美しく大きくりっぱな香り高い花を咲かせることと思われるかもしれません。しかし、自分一人でそのような花を咲かせても、他の株との花粉のやりとりはできません。だから、〝実り〟には結びつきません。


植物たちが実り多き生涯を送るために、もっとも大切にしていることがあります。それは、仲間の植物たちが、同じ季節に花を咲かせることです。そのため、それぞれの種類の植物たちの花が咲く季節は、植物たちの仲間ごとに決まっています。

たとえば、春には、ナノハナやチューリップなどの花が咲きます。夏にアサガオやヒマワリ、オシロイバナなどが花を咲かせ、秋にはキクやコスモスなどが花咲きます。

仲間の花々が花粉のやりとりをできるように、同じ季節に、仲間がいっせいに、花を咲かせるのです。といっても、季節の期間は長いです。「春に咲く」と決めていても、春、早くに咲く花と、遅くに咲く花とは出会うことはありません。ですから、**同じ季節に花を咲かせるだけでは、花粉のやりとりはできません。**

そこで、花の咲いている期間の短い植物たちは、季節ではなく、月日を限定して花を咲かせます。**同じ季節であっても、仲間と打ち合わせて同じ月日に花を咲かせることが大切なのです。**

たとえば、ソメイヨシノは「春の花」の代表ですが、春の間ずっと、咲いているわけではありません。私の住んでいる京都市での開花は、遅い年や早い年がありますが、およそ3月下旬から4月上旬の10日間ほどだけです。

ハナミズキは5月中旬、フジは5月下旬、アジサイは6月上旬、クチナシは6月下旬などのように、それぞれの植物たちが月日を限定して花を咲かせます。ヒガンバナは、9月23日の秋の彼岸のころに限って花が咲きます。

秋に咲くキンモクセイの花の香りはあまりに印象深いので、「秋の香り」といわれます。そのため、キンモクセイの花は、秋の間、長く咲いているように思われがちです。しかし、香るのは、秋のごく一時期です。花が咲く期間は意外と短く、関西地方なら、10月上旬の10日間ほどのごく限られた期間だけです。

季節や月日を打ち合わせても、花粉のやりとりができるのかと不安な植物たちがあります。開花して一日以内に萎（しお）れてしまう寿命の短い花々を咲かせる植物たちです。これらの植物たちは、季節や月日だけではなく、仲間の植物たちと時刻を打ち合わせていっしょに花を咲かせます。

アサガオでは、朝に花が開くと決まっています。ツキミソウでは、夕方に花が開くと決まっています。ゲッカビジンは、夜10時ころにいっせいに花を開かせます。オシロイバナは、英語で「フォー・オクロック」といわれ、午後4時ころに花が開く植物です。日本では、夏の夕方、6時ころに花が咲きます。

植物たちは、〝実り〟をもたらすために、仲間が打ち合わせて、同じ季節の同じ月日の同じ時刻に、いっしょに花を咲かせるのです。**植物たちは、〝実り多き生涯〟をもたらすために、もっとも大切にしているのは「仲間とのつながり」なのです。**

植物たちの「仲間とのつながり」は、私たち人間も見習わなければならないほどです。私たちも、実り多き仕事や活動をして、実り多き生涯を送るためには、「仲間とのつながり」を大切にしなければなりません。

同じ職場、同じ仕事、同じ趣味など、仲間はいろいろです。そのような仲間といっしょに力を合わせて努力してこそ、目標は達成でき、実り多き生涯にすることができます。

植物たちは自分の仲間とのつながりを大切にしていますが、実は、自分の仲間の植物たちだけでなく他の種類の植物たちとも、つながりをもって生きているのです。

他の種類の植物たちと、〝つながり〟を大切に！

多くの植物たちは、子孫を残すために花粉の移動を、ハチやチョウなどの虫に託します。そのため、すべての種類の花がいっせいに咲けば、虫を誘う競争はとてつもなく激しいものになります。そこで、植物たちは、他の種類の植物たちと、開花する季節や月日を少し〝ずらす〟という方法をとっています。

早春に、スイセンやフクジュソウ、春になると、ナノハナやタンポポなどが花咲き、それに続いて、レンゲソウ、サクラやフジなどの花が咲きます。同じ春に花が咲く花木といっても、サクラ、コブシ、ハナミズキ、フジ、ツツジなどは、同じ地域でも少しずつ、開花の時期をずらしています。初夏にカーネーションやクチナシ、アジサイ、夏にアサガオやヒマワリ、オシロイバナ、秋には、ヒガンバナやキンモクセイなどが、少しずらせて花を咲かせます。

多くの植物たちが他の種類の植物たちと月日をずらして花を咲かせる性質をもっていることを象徴するのは、「花ごよみ」です。「花ごよみ」にはいろいろの種類がありますが、どのような花木や草花が何月に咲くか月ごとに示したものがあります。

これは、多くの植物たちが月をずらして花を咲かせることを示すものです。**植物たちは、自分の仲間とはいっしょに花を咲かせます。そして、他の種類の植物たちとは、折り合いをつけて、無駄な競争を避けるために、開花する時期をずらして、花を咲かせるのです。**

季節や月日をずらして花を咲かせるだけでなく、時刻をずらせて花を咲かせるものがあります。同じ季節、同じ月日であっても、時間をずらしているのです。

アサガオは朝早く、ツキミソウは夕方、ゲッカビジンは夜10時ころというように、開花する時刻をずらします。これらを象徴するものが、「花時計」です。「花時計」は、公園や遊園地にあります。見に行くと、花壇の上を、時計の針がまわっています。文字盤が花壇であり、花で装飾されただけの時計です。

でも、本来の「花時計」は、時計の針がまわるという味気ないものではありません。時計盤状の花壇のそれぞれの時刻の位置に、その時刻に開く花を植えて、どの

北海道・十勝が丘公園につくられた花時計「ハナック」

場所の花が開いているかを見て時刻を知るものです。

花時計は、多くの種類の植物たちが開花する時刻を決めていることを象徴するものですが、実はもう一つ大切なことを象徴しています。それは、他の植物たちと、開花する時刻をずらすことにより、無駄な競争を避けていることです。

このように、仲間の植物たちや、他の種類の植物たちとの〝つながり〟をもって生きているのです。しかも、ハチやチョウ、鳥などの動物とも、〝つながり〟をもって、自然の中で生きる仲間として、ともに暮らしています。次項で紹介します。

column

花時計――植物が時刻を知らせる

１９５７年４月に、日本で初めての花時計が、兵庫県神戸市役所の北側につくられました。この花時計では、時計盤のように丸く形づくられた花壇に約３０００株の植物が植えられ、その上を時計の針がまわっています。

神戸市の花時計に続いて、同じタイプの花時計が、日本全国のあちこちの公園や遊園地につくられました。それらの中に、「世界一大きい花時計」として、１９８２年に、いろいろな世界一を記録するギネス・ブックに認定されたものがあります。

それは、北海道の十勝が丘公園につくられた「ハナック」という名前の花時計です。この名前は、「花」と「時計（クロック）」をくっつけて名づけられたものです。花壇の直径は、18メートル、もっとも長い秒針の長さは、10・1メートルあります。

１９９１年には、静岡県伊豆の土肥温泉に、それより大きい花時計が完成し、ハナックは世界一の座を譲り渡しました。その花時計は、直径31メートル、もっとも長い分針の長さは、12・5メートルで、１９９２年に、「世界一大きい花時計」として、ギネスに認定されました。

このような、大きな花壇の上を時計の針がまわる花時計が話題になります。しかし、本当の「花時計」は、18世紀、スウェーデンの植物学者リンネが考案したもので、花壇の上をまわる針は必要ありませんでした。時計盤上の花壇のそれぞれの時刻の位置に、その時刻に開花する植物を植え、どの場所の花が開いているかを見ると、時刻がわかるというものでした。

花時計は、多くの種類の植物が時刻を決めて、ツボミを開花させるという性質を象徴するものなのです。このことを知ると、この花時計には、主に、三つの疑問が抱かれます。

一つ目は、**「何のために、同じ種類の植物たちは、同じ時刻に開花するのか」**というものです。これは、ハチやチョウ、鳥などが花粉を運んでも、仲間の花が開花していなければ、花粉はつけてもらえないことが理由です。

仲間の植物たちは、同じ時刻にいっせいに開花して花粉のやりとりができるようにしているのです。次の世代を生きる子孫（タネ）を確実につくるための工夫です。

二つ目は、**「種類の異なる植物たちが開花する時刻をずらせて花開くことに、**どの

* *

ような意義があるのか」というものです。これは、ハチやチョウを誘い込む競争を、少しでも避けようとすることが目的です。

すべての種類の植物がいっせいに花を咲かせたら、その競争はたいへん激しいものになります。そのため、それぞれの植物たちが開花する時刻をずらしているのです。たとえば、アサガオは朝早く、ツキミソウは夕方、ゲッカビジンは夜の10時ころに開花します。

三つ目は、「**どのようにして、植物たちが決まった時刻に開花できるのか**」というものです。これに対しては、「植物たちが時刻を知るのに、刺激を感じているから」というのが答えです。

「自然の中で、植物たちは、何の刺激もなく花開いている」と思われるかもしれません。しかし、植物たちは自然の中で、ツボミが花開くために、一日の気温の変化や、昼と夜の明るさの変化を感じて、それらの変化を刺激としているのです。

ハチやチョウ、小鳥とも〝つながり〟を大切に！

きれいな色の花びらをもつという性質は、多くの身近な花が身につけているので、その意義をあらためて深く考えることはあまりありません。しかし、きれいな色の花びらをもつ花を咲かせる植物が初めて生まれてきて以来、植物たちの世界は大きく発展しているのです。

きれいな色の花びらのある花は、ハチやチョウなどを誘い、花粉の移動をそれらに託します。ツバキ、ビワ、サザンカなどのように、メジロやヒヨドリなどの鳥に託す植物たちもあります。

植物たちは、きれいな花を咲かせることにより、花粉の移動を虫や鳥に託すために、虫や鳥とのかかわりをもちはじめたのです。虫や鳥を誘いこむために、きれいな色や形の花びらをつくり、香りを漂わせ、虫や鳥がほしがる蜜も準備するようになったのです。

きれいな花びらのある花を初めて咲かせたのは、被子（ひし）植物と呼ばれる植物です。それまでにすでに生まれていた、コケ植物、シダ植物は花を咲かせませんでした。

初めて花を咲かせたのは、マツやスギ、ヒノキなどの裸子植物です。

ところが、裸子植物の花には、きれいな花びらはありませんでした。そのため、ソテツなどの例外はありますが、花粉の移動を風に託していたのです。裸子植物のあとに生まれたのが被子植物で、きれいな花びらをもつ花を初めて咲かせました。

被子植物は、その花のおかげで、花粉の移動を、確実に花に運んでくれるハチやチョウ、鳥などに託すようになりました。どこへ吹いていくかわからない風に花粉を運んでもらう裸子植物より、効率よく受粉が行われるようになりました。

被子植物が動物とのつながりを高めたのは、きれいな花だけでなく、おいしい果肉をもつ果実をつくるようになったことです。果実の中には、タネがつくられます。そのため、動物に果実を食べてもらえば、そのときタネは飛び散り、散布されます。

もし、動物がタネを飲み込めば、糞といっしょにどこかにまいてもらうことができます。そのおかげで、植物たちは、自分が動きまわることなく、新しい生育地の範囲を広げることができるようになったのです。

花を咲かせる植物たちには、おいしい果肉をつけないタネもあります。それらは、タンポポのタネなどのように風に乗って運ばれたり、ホウセンカやカタバミのタネなどのように自分で飛び散ったりします。また、オナモミやイノコズチなどのように、動物のからだにタネを付着させて、遠くに散布して生育地を広げているものもあります。

このように、被子植物は、動物との関係を深め、動物を利用することにより、繁殖力を高め、生育する範囲を広げました。また、広がった土地の風土に合わせて、被子植物の種類は増加し繁殖しました。

タネを食べるイネ科の穀物を除くと、私たち人間が主に利用しているのは、きれいな花を咲かせるものや、果実をつくる野菜や果物です。あるいは、愛でられるようなきれいな花を咲かせる植物です。これらは、裸子植物とは異なり、動物とのかかわりを身につけることを成し遂げた植物たちです。

そのため、そのような植物たちでは、その栽培地域は飛躍的に広がって、その種類も多くなり、私たちと植物たちとの関係はますます緊密さを増しています。現在、ある調査では、裸子植物が約８００種に対して、被子植物は約25万種といわれます。

植物たちは、自分たちの仲間や他の種類の植物たちだけではなく、動物とのつながりを大切にし、そのつながりを自分たちの繁栄に利用しているのです。それだけではありません。近年は、私たち人間との共存、共生を大切にしてともに繁栄するように生きてきています。

次項で、私たち人間と植物たちのつながりを紹介します。

私たち人間と植物たちとの〝つながり〟

植物は、私たちの生活のすべてを支えている！

私たち人間にとって、植物たちがどのような存在であるかを語るとき、私は「私たち人間は、植物たちの存在なしに、生きていけません」と言うことがあります。あるいは、「植物たちが、私たちの生活のすべてを支えています」とか、「私たちの命は、植物たちの命に依存しているのです」と表現します。

これに対して、「植物って、そんなにすごいものですか」と聞き返されることがあります。それだけでなく、「植物の存在を、過大に評価しているのではないですか」というような反応が戻ってくることが多くあります。

しかし、「私たち人間は、植物たちの存在なしに、生きていけません」というのは、おおげさな表現ではありません。そのように言えるほど、植物たちは、多岐にわたる分野で、私たち人間と魅力的な力でつながっているのです。それらのつながりを理解してもらうために、次のような六つの分野での活躍を紹介します。

一つ目は、**植物たちは、私たち人間を含めて、地球上で生きるすべての動物の食料を賄っていることです。**これに対し、「肉を食べている動物もいるのではないですか」との疑問を返されることがあります。

でも、「その肉が、どのようにつくられたかを遡れば、植物たちに行きつきます」と説明します。すると、「地球上のすべての動物は、植物たちに養われている」ということは、よく理解してもらえます。

もし人間がいなくなっても、植物たちにとっては痛くも痒くもないのに対し、植物たちがいなければ、地球上のすべての動物は飢え死にしてしまうのです。人間も、その例外ではなく、餓死してしまいます。

二つ目は、**植物たちは、野菜や果物として、私たち人間の健康を支えてくれていることです。**古くから、植物たちは、私たちの空腹を満たしてきましたが、やがておいしさが伴ってきました。

近年は、食べ物としての植物たちには、健康をもたらすことが求められるようになってきました。野菜や果物は、もともとその期待に応えていましたが、近年は、ますます栄養があり健康によい成分を多く含んだものに品種改良されています。

三つ目は、**植物たちは、私たち人間を含めて動物が生きる環境を守ってくれていることです。**とくに、私たち人間の環境には欠かせません。「自然」の風景の中に、空や海などとともに、植物たちは森や山をつくって存在します。

植物たちは、環境の中に存在するだけではありません。実際に、現在、地球の温暖化をもたらすと問題になっている、大気に含まれる二酸化炭素の濃度の調節に大切な役割を果たしています。

四つ目は、**植物たちは、エネルギー源となっていることです。**石炭や石油という化石燃料は、大昔の植物たちに由来します。また、昔、枯れ木などは、薪やたきぎとして燃やされ、日々の燃料となっていました。

近年は、トウモロコシやサトウキビからバイオエタノールがつくられ、それで自動車が走っています。また、アブラナのタネからとれる菜種油が、天ぷら油などに使われたあと、車やバスのバイオディーゼル燃料として利用されます。

五つ目は、**植物たちは私たち人間の文化的な活動になくてはならないことです。**

遠い昔から、私たちは、植物たちを愛で、絵画に描き、童謡に口ずさみ、詩歌に詠んで、ともに寄り添って生きています。

たとえば、『万葉集』『古今和歌集』『百人一首』の歌に、植物たちが多く詠み込まれています。絵画に描かれるだけでなく、言い伝えなどに語り継がれてきた、植物たちが多くあります。また、「春の七草」や「秋の七草」のように、植物たちは、それぞれの季節を魅せる存在でもあります。

六つ目は、**植物たちは、日々の暮らしの中で、私たちの生活の素材となり、また、心を支える存在でもあることです。**悲しいできごとがあれば花を供えてともに耐え、幸せなできごとでは、花を飾ってともに喜びを高めて分かち合ってきています。植物たちは、私たちの心を癒してくれているのです。

このように、私たち人間は、植物たちからのさまざまな恩恵にあずかって生きています。植物たちの存在がなくては、私たち人間の存在は成り立ちません。だからこそ、「**21世紀は、私たち人間と植物たちとの共存・共生の時代**」といわれるのです。

次項から、これらのかかわりについて、もう少し具体的な例をあげて紹介します。

私たちの科学は、1枚の小さな葉っぱにも及んでいない！

植物のタネが発芽すると、芽生えがすくすくと成長します。このような植物の成長を見て、昔の人は、「なぜ、植物たちは何も食べずにすくすく成長できるのか」と不思議に思いました。

これに対し、古代ギリシャの哲学者であったアリストテレスは、「植物は、土の中に隠れた根で、食べ物を食べている」と説きました。そして、長い間、昔の人々はそのように信じてきました。

歴史の途上で、「植物は、根で何を食べているのか」という疑問をもって、食べているものを調べた人もいました。しかし、見つかりませんでした。見つかるはずがありません。植物は私たち人間が食べているようなものを食べていないからです。

現在、「なぜ、植物たちが何も食べないのにすくすく成長できるのか」という疑問は解き明かされています。植物たちは、葉っぱで、根から吸った水と空気中の二酸化炭素を材料にして、太陽の光を使ってブドウ糖やデンプンをつくっているのです。この反応は、「光合成」とよばれます。

私たちは、この光合成という反応を小学生や中学生のときに勉強します。ですから、光合成は植物がしている当たり前の反応と思い、あらためて光合成のことを考えることはありません。でも、ここで、〝光合成の力〟について考えてみてください。

春の田植えのときに、もし一粒のおコメを植えたとしたら、秋までに何粒に増えるでしょうか。おコメは、光合成の産物ですから、その増え方は、〝光合成の力〟といえます。

一粒のおコメは秋には一株に成長し、約20本の穂が出ます。一本の穂には、少なくとも約80粒のおコメが実ります。ということは、**「春から秋までの約6か月間に、一粒が1600粒になる」**ということです。

といっても、これがどのくらいの増え方なのか、実感がなかなかわきません。そのため、この増え方に感激もありません。しかし、これは「春から秋までの6か月間に、1万円が1600万円になる」という増え方です。

まだ実感や感激がないなら、元金をもう少し増やしてください。これは、「春から秋までの6か月間に、10万円が1億6000万円になる」という、ものすごい増え方なのです。これが植物たちの〝光合成の力〟なのです。

だからこそ、世界中のすべての人々の空腹を満たすための食べ物が、植物たちにより賄われているのです。人間だけではありません。人間を含めた、地球上すべての動物の食料が植物たちにより賄われているのです。

しかも、その材料は、ただの水と空気中の二酸化炭素であり、反応のためのエネルギーは太陽の光です。これらはいくらでもあり、コストがかかりません。また、安全なものばかりです。

私たち人間が、この反応を真似できたらと考えてください。地球上の食料不足や飢餓は起こりません。また、環境問題の地球温暖化は解決します。なぜなら、濃度が増加し、温暖化の原因と考えられている大気中の二酸化炭素をデンプンに変えて貯蔵すれば、大気中の濃度は減少するからです。さらに、トウモロコシからつくったバイオエタノールで自動車が走る時代ですから、エネルギー問題の一部も解決します。

私たちは、「人間の科学はすごく進んでいる」と誇りに思っています。ですから、「植物たちの小さな葉っぱがしている反応は、容易に真似できる」と思われがちです。ところが、私たちは光合成を真似することはできません。どのような装置をつくればいいのか、わからないのです。

現代の科学技術では、**1枚の小さな葉っぱがする反応を真似することができないのです。**私たちが誇りにしている科学は、1枚の小さな葉っぱにも及ばないのです。私たちは、植物たちの前にもっと謙虚になって、多くのことを植物たちから学ばなければなりません。

大いなる〝植物の力〟

すべての動物の食料を賄う

私たち人間を含めて、地球上のすべての動物の食べ物は、植物たちが賄っています。ところが、一方では、「世界中で、7億人、あるいは、8億人が食料不足状態である」といわれます。

ということは、私たち人間の食べ物が十分に賄われていないことになります。『植物がすべての食料を賄っている』というのは、過大評価ではないのか」との疑問が浮かんできます。この疑問について、少しくわしく真剣に考えましょう。

世界の多くの人々が主食として食べているのは、イネ、コムギ、トウモロコシです。これらは、「世界の三大穀物」といわれます。イネは、アジアを中心に栽培され、その地域の主食となっています。コムギは、ヨーロッパを中心に栽培されて、パンの原料となり、多くの人々に食べられています。トウモロコシは、アメリカを中心に栽培され、その地域の多くの人々に好まれています。

これら三つの穀物の生産量の合計は、毎年、そんなに大きく変動はしません。２０１９年の数値では、トウモロコシの生産量は約11億５０００万トン、イネは約7億６０００万トン、コムギは約7億７０００万トンです。

年によって多少の変動はありますが、世界中で、約26億８０００万トンの穀物が生産されていることになります。世界中の人々が、この三大穀物の生産量を平等に分けると、一人当たり何キログラムずつになるのでしょうか。

世界の人口は、２０２２年11月15日に、80億人と推定されました（２０２２年7月11日「世界人口デー」に、国連経済社会局より発表）。

生産量を、この人口で割れば、一人に割り当てられる量は、一人約３３０キログラムになります。一人の人間が1年間にどれくらいの穀物を食べていれば生きていけるのでしょうか。

昔、日本には、「一石（こく）」という単位がありました。これが、1年間にどれくらいの穀物を食べていれば生きていけるかという目安になるもので、一石は、約

150キログラムなのです。とすると、一人約330キログラムもあれば、地球上に食料不足が起こるはずはありません。

では、なぜ、「世界中で、7億人、あるいは、8億人が食料不足状態である」といわれるのでしょうか。その原因は、多くの人々がお肉を食べるからです。おコメやコムギ、トウモロコシを1キログラム食べるのと、お肉を1キログラム食べるのとは、同じ1キログラムでも、意味が大きく異なります。

1キログラムのお肉を得るために、何キログラムの飼料穀物が必要かを示す数字は、「飼料効率」といわれます。これは、飼育する技術によって異なりますが、一般的には、鶏肉は2〜3キログラム、豚肉は4〜5キログラム、牛肉は7〜8キログラムです。

お肉の値段を決める要素はいろいろありますが、飼育するために必要な飼料代が大きく影響します。飼料効率に準じて、トウモロコシなどの穀物が多く必要な動物のお肉ほど高くなります。そのため、お肉の価格は、鶏肉、豚肉、牛肉の順に高くなるのです。

植物たちは、世界のすべての人々を養えるだけの十分な食料をつくっているので

す。7〜8億人の食料不足の状態が起こるのは、その消費の仕方に問題があるのです。先進国で多くの牛肉を食べることが、開発途上国の食料不足を起こしているのです。

植物たちの力の過大評価を疑問に思う前に、私たちは自分たちの生き方を考えなければなりません。

人間の健康を支えてくれる

植物たちは、食料として、私たちの空腹を満たしてくれます。昔は、私たちの空腹を満たすだけのものであったかもしれません。しかし、近年は、それだけではありません。

植物たちは、おいしさや健康をもたらすことが求められるようになってきました。野菜や果物たちは、それらの要望に応えて、おいしさで、私たちの味覚を潤してくれ、栄養があり健康によい成分を多く含んだものになって、健康の維持にも貢献してくれています。

私は、**「植物たちの命は、人間に比べると、取るに足らぬ小さなものかもしれません。しかし、植物たちも同じ生き物です。だから、私たちと同じしくみで生きているし、同じ悩みをもっているし、その悩みを克服するために日々頑張っています」**と植物たちを紹介することがあります。

ところが、このように話をすると、「私たち人間と植物の〝同じ悩み〟とは、何か」と尋ねられることがあります。〝同じ悩み〟というのは、たいへんわかりやすいものです。

植物の祖先は、約40億年前に、海の中で生まれました。海の中から空を見上げると、明るい太陽が輝いていました。「もし海から陸上に出られたら、あの明るい太陽の光を浴びて光合成をして、どんどん栄養をつくり繁殖していくことができる。だから、上陸したい」と、輝く太陽にあこがれたはずです。

やっと上陸できたのは、約4億7000万年前です。35〜36億年間、海の中で、太陽にあこがれていたのです。そして、やっとあこがれの太陽に陸上で出会いました。ところが、出会ってみると、あこがれの太陽はそんなやさしいものではありませんでした。

太陽の光には、「紫外線」が含まれていたのです。植物の祖先が海の中にいるときには、紫外線は水に吸収されるので、植物たちのからだに当たることはありませんでした。しかし、上陸すると、紫外線がからだに直接当たります。

私たち人間は、紫外線の害を知っています。紫外線が害を及ぼすのは、紫外線がからだに当たると〝活性酸素〟というものを発生させるからです。活性酸素という言葉は、生きていくのに必要な「酸素」に、響きがよい「活性」という語がついています。

そのため、この言葉が語られはじめた当初は、「少し吸うだけで、すごく元気が出る酸素」と誤解されたこともあります。でも、現在では、よく知られているように、これはひどく有害な物質です。

この物質は、私たち人間には、「老化を急速に進める」「生活習慣病、老化、ガンの引き金になる」などといわれます。活性酸素とは、私たちのからだの老化を促し、多くの病気の原因となる、きわめて有毒な物質なのです。

「シミやシワなどの肌の老化をもたらし、白内障の原因になり、ひどい場合には皮膚ガンも誘導する」といわれます。紫外線が当たると活性酸素が発生して、シミやシワの原因になっているため、「活性酸素を減らせば、肌が若返る」といわれます。活性酸素がシミやシワの原因になることは、お風呂に入ったときに調べると、容易にわかります。日々の生活の中で、紫外線が直接当たる手の甲や顔の肌のつやと、紫外線がほとんど当たらない下腹部の肌のつやを見比べてください。

手の甲や顔の肌には、多くのシミやシワがあります。一方、下腹部の肌には、若々しく、みずみずしい、子どものころのつやがあります。下腹部は「ぶよぶよだ」という人がおられますが、それは関係ありません。肌をぐっと引き延ばして、つやを見てください。

植物たちは、太陽の強い紫外線が降りそそぐ中で暮らしています。とくに、春から夏には、植物たちは太陽の強い紫外線にさらされます。そんな中で、植物たちは、日焼けもせずに、すくすくと成長し、美しくきれいな花を咲かせ、実やタネをつくります。

ですから、私たちは、「紫外線は、人間にはきびしいけれども、植物たちにはやさしいのではないか」とついつい思ってしまいます。でも、それは人間の〝ひがみ〟です。紫外線は、植物に当たっても、やはり活性酸素を発生させます。

私たち人間のからだには、紫外線が当たるだけではなく、激しい呼吸やストレスでも活性酸素が発生します。私たちと植物たちは、「**からだに発生する活性酸素の害を、どのように逃れるのか**」という〝同じ悩み〟をもって生きているのです。

植物と人間の〝同じ悩み〟を解決する物質

植物たちは、紫外線が降り注ぐ自然の中で暮らしています。私たちは、帽子をかぶったり、日傘をさしたり、サングラスをかけたりして、紫外線を避けます。しかし、植物たちはまともに紫外線を受けます。

紫外線はからだに当たると活性酸素を発生させますから、植物たちのからだには、多くの活性酸素が発生します。植物たちはそれを消去する物質を身につけていなければ、健康に生きていくことができません。

植物たちは、自然の中で、紫外線に当たりながら生きていくために、からだの中で発生する「活性酸素」を消去する術を身につけているのです。植物たちは、活性酸素を消去する「抗酸化物質」とよばれるものをつくり出します。

抗酸化物質の代表は、ビタミンCです。ビタミンCについては、老化を抑制する効果がマウスを用いた実験で確認されたり、白内障のリスクを減らす効果が知られたりしています。

ビタミンCは、肌を美しく保つ働きがあるので、〝美容のビタミン〟といわれることがあります。ビタミンCが多く含まれているものとして、イチゴやレモン、カキやキウイなどがよく知られています。

もう一つの有名な抗酸化物質は、ビタミンEです。ビタミンEは、老化を抑制するので、〝若返りのビタミン〟とよばれます。これは、アーモンドやピーナッツ、ダイコンの葉やカボチャなどに多く含まれています。

私たちは、ビタミンCやビタミンEを栄養として摂取する大切さを知っており、それらが植物たちのからだに含まれていることもよく認識しています。そして、私たちは、「どのような野菜や果物が、ビタミンCやビタミンEを多くもっているか」ということをよく知っています。しかし、「なぜ、それらの野菜や果物がビタミンCやビタミンEをもっているのか」と考えることは、あまりありません。

これらの物質は、植物たちにとって、紫外線に当たると発生する活性酸素の害を防ぐために必要なのです。植物たちは、紫外線の害から自分のからだを守るために、これらのビタミンをつくるのです。

植物たちは、活性酸素への対策のためだけに、これらの物質をつくっているのではありません。**ビタミンは、植物たちが円滑に成長していくためのさまざまな役割を担って、からだの中ではたらいています。**そのような働きの中で、活性酸素を消し去るというのは、植物たちが動きまわらずに紫外線の害から、からだを守るために大切なことなのです。

「活性酸素を消去しなければ、健康に生きていけない」という同じ悩みをもつ私たちは、植物たちがつくる抗酸化物質に依存して、生きているのです。「私たち人間と植物たちが、同じしくみで生き、同じ悩みをもっている」ということが、このことからよくわかります。

ということは、植物たちが私たちの健康を保つのに貢献してくれているのです。これが、私たちと植物たちをつなげている、〝植物の力〟の一つです。

環境を守ってくれる

植物たちは、私たち人間の環境に欠かせぬものです。自然の風景の中に、空や海などとともに、植物たちは野原や森、林や山をつくって存在しています。植物たちの存在しない自然の環境は、成り立ちません。

植物たちは、環境の中に存在するだけではなく、自然の中で活躍をしています。植物たちは、光合成により、酸素を供給してくれます。それだけではありません。近年の環境問題の中でよく目立つのは、大気中の二酸化炭素濃度の上昇ですが、植物たちはこれを抑制するのにもはたらいています。

温暖化をもたらす二酸化炭素の大気中での濃度は、ハワイのマウナロワ観測所で、1958年から計測されています。観測されはじめた当初は、0・0315パーセントでした。ところが、2013年5月には、一日平均で、初めて0・04パーセントを超えました。

これを反映して、ひと昔前の生物の教科書などでは、空気中の二酸化炭素濃度は、0・03パーセントという数字が使われていました。でも、近年は、0・04

パーセントという数字が使われています。

植物たちは、二酸化炭素を吸収してくれます。植物たちが二酸化炭素を吸収して、大気の二酸化炭素の濃度を調節することに貢献していることを知識として理解していても、植物たちが大気中の二酸化炭素濃度の減少にどの程度貢献しているかは、なかなか想像しがたいです。

植物たちがどのくらいの二酸化炭素を吸収しているかを容易に認識させてくれるのは、地球規模の二酸化炭素濃度の上昇曲線です。これは、地球の温暖化をもたらす二酸化炭素濃度の増加を示すものとしてよく引用されます。

「二酸化炭素濃度は上昇している」といわれますが、直線的ではなく増えたり減ったりしながら増加しているのです。この増減する現象は、規則正しく起こっています。

毎年、季節ごとに、増減を繰り返しているのです。計測されているハワイのマウナロワ観測所は、北半球にあります。減るのは夏であり、増えるのは冬です。夏に減る理由は、春から夏、緑の植物たちにより光合成が盛んに行われ、二酸化炭素が多く吸収される結果です。

［二酸化炭素の世界平均濃度］

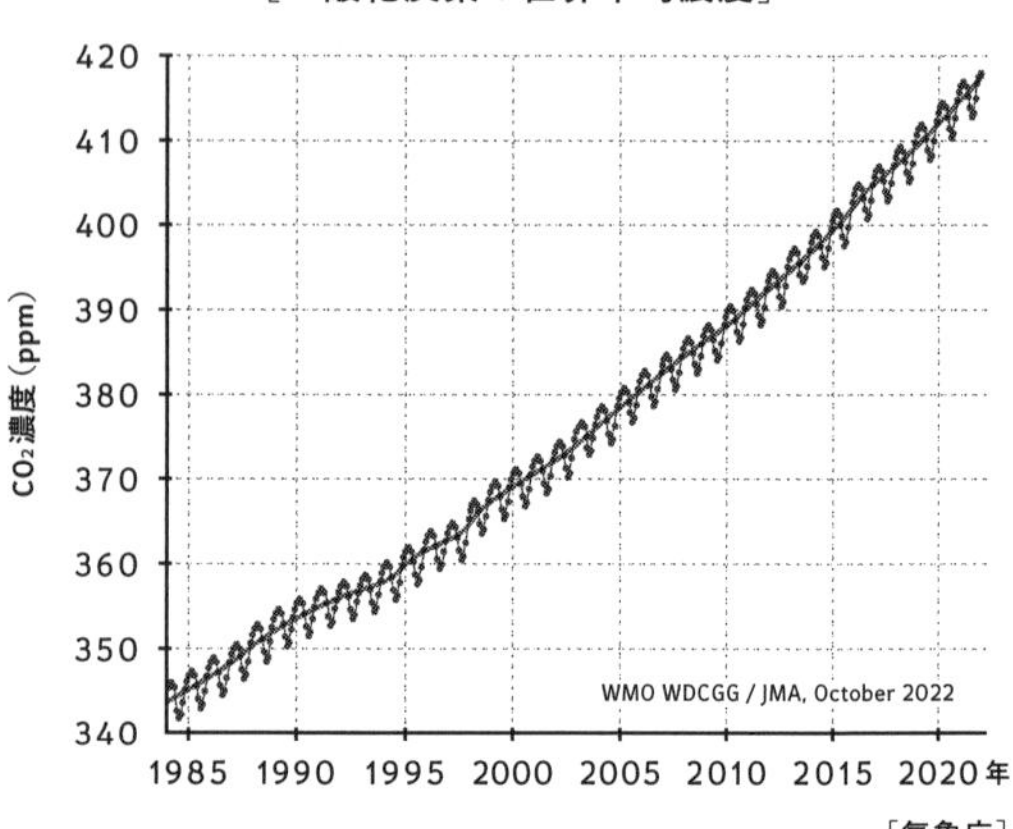

［気象庁］

逆に、冬に二酸化炭素濃度が増えるのは、寒さのために光合成量が減り、二酸化炭素が吸収されないためです。すなわち、毎年、夏に増え、冬に減る、その差が、植物たちによる二酸化炭素の吸収の大きさを示しています。

大気中の二酸化炭素濃度の調節は、自然の中の環境を維持していくという、〝植物の力〟の一つです。

エネルギー源になる

植物たちは、エネルギー源として欠かせぬものです。石炭や石油という化石燃料は、大昔の植物たちに由来します。近年、化石燃料は、大量に消費されて大気中の二酸化炭素濃度の上昇をもたらしており、評判が悪くなっていますが、私たちが長い間利用してきたエネルギーであり、私たちの生活を支えてきた〝植物の力〟の一つです。

昔、落ち葉や枯れ木などは、日々のエネルギーの供給源でした。昔ばなしでは、「おばあさんは川へ洗濯に、おじいさんは山へ〝シバ刈り〟に行きました」といわれます。ところが、近年、この“シバ刈り”という言葉は死語のようになっています。昔ばなしを読んだ若い人には、「昔は、山に〝芝〟が生えていたのか」と不思議に思われることがあります。

〝シバ刈り〟の〝シバ〟は、草の〝芝〟ではなくて、山に生える小さな雑木である〝柴〟なのです。〝シバ刈り〟とは、わりきやたきぎなどをつくるために雑木の枝を刈ることです。これらを薪などの燃料に使うために、おじいさんは、〝シバ刈り〟に行っていたのです。昔、わりきやたきぎ、落ち葉や枯れ木などは、日々のエネルギーの供給源でした。

近年、トウモロコシなどからバイオエタノールがつくられ、それで自動車が走るという時代になっています。「今まで食料であったトウモロコシから、燃料に使うエタノールをつくり出す」というのは、唐突な印象があるかもしれません。もしそうなら、ウイスキーを思い出してください。

ウイスキーはコムギやオオムギが原料のこともありますが、トウモロコシからも、おいしいウイスキーがつくられます。ウイスキーには、アルコールが含まれています。ということは、トウモロコシからアルコールをつくり出すことは昔から行われていたのです。ですから、トウモロコシからアルコールの一種であるエタノールをつくり出すというのは、そんなに唐突な発想ではありません。

また、近年は、温暖化の原因となる大気中の二酸化炭素濃度の上昇を食い止めるものとして、「バイオ燃料」が注目されています。石炭、石油などが化石燃料と呼ばれるのに対し、トウモロコシやサトウキビなどからつくり出されるエタノール、ダイズやナタネなどから得られる植物油などは、「バイオ燃料」とよばれます。「バイオ」は「生物」を意味するので、「バイオ燃料」は「生物から得られる燃料」ということです。

バイオ燃料が燃焼して排出される二酸化炭素は、これらの植物たちが栽培される途上で、光合成のために吸収されたものです。そのため、バイオ燃料を燃焼させて二酸化炭素を排出しても、大気との二酸化炭素のやりとりはプラスマイナスゼロとなり、大気中の二酸化炭素の濃度を上昇させません。ですから、バイオ燃料は「環境にやさしい燃料」といわれます。

「ナタネ油」は、アブラナのタネから搾り採られます。これが、家庭や学校給食のための天ぷらを揚げるのに使われたあとに、回収されます。そのあと、きれいにされて、バスやトラックのディーゼルエンジンを動かす燃料として使用されます。これは、「バイオディーゼル燃料」といわれます。

今後は、バイオ燃料の原料を、トウモロコシなどの食料作物に依存せず、雑草、稲わら、木くず、間伐材、建設廃木材、あるいは、生ごみなどの食品廃棄物、家畜の排泄物などに求められます。

現在、ミドリムシのような藻類（そうるい）がつくる物質を飛行機の燃料に使うという方法も模索され、実用化に向けて研究が進められています。エネルギー面でも、〝植物の力〟は、ますます必要なものとされているのです。

文化を支える

植物には、〝元号〟を生み出す力があります。２０１９年に平成の時代が終わり、元号は「令和」となり、英語では「ビューティフル　ハーモニー」の意味をもつといわれました。

この元号は、奈良時代に編纂された『万葉集』から生まれたとされます。この歌集の「梅花の歌三十二首」の序文にある「初春の令月にして、気淑く風和ぎ、梅は鏡前の粉を披き、蘭は珮後の香を薫す」の文言が、「令和」の出典とされます。

元号「令和」のゆかりの植物となったのは、ウメです。これは、バラ科の植物で、中国が原産地とされていますが、日本であるとの説もあります。日本では、奈良時代より前にすでに栽培されていました。

ウメだけでなく、**古来、多くの植物たちが、人々に愛され、歌で口ずさまれ、絵に描かれ、詩歌に詠まれ、私たちの身近に息づいてきたのです。**そのため、奈良時代に編纂され、現存する日本最古の歌集といわれる『万葉集』には、約４５００首の歌が収録されますが、１５００首に植物が詠まれ、その中に約１６０種の植物たちが登場します。

どの植物が何首の歌に詠まれているかは、植物が特定できない場合もあり、異なる数値が使われていることもあります。でも、「ハギは１３８首、ウメは１１８首、マツは81首、タチバナは66首、アシは47首、スゲは44首、ススキは43首、サクラは42首、ヤナギは39首、チガヤは26首に詠み込まれている」などといわれます。

平安時代に編纂された『古今和歌集』でも、サクラは61首、モミジは40首、ウメは28首、オミナエシは18首、ハギは15首、マツは14首、キクは13首など、多くの植物が詠まれています。

『万葉集』と『古今和歌集』に詠まれている植物を比較して、よくもたれる疑問は「なぜ、『日本人の心の花』ともいわれるキクの花が、『万葉集』には詠まれていないのか」ということです。『古今和歌集』でよく詠まれているモミジやオミナエシは、『万葉集』でよく詠まれている植物の上位にはあがっていませんが、詠まれています。

それに対し、『古今和歌集』に登場するキクは、『万葉集』では、「キクを詠んだ歌は、一つも含まれていない」といわれたり、「日本在来のノジギクが一首あるだけ」といわれたりします。「なぜ、『万葉集』には、キクが詠まれていないのか」と不思議に思われるのです。

その理由は、キクは原産地の中国から日本に来たのが、『万葉集』が編纂された奈良時代の終わりだからです。そのため、そのあとの平安時代に編纂された『古今和歌集』では、キクは多くの歌に詠まれているのです。

キクは、鎌倉時代になると、後鳥羽上皇により、刀や衣服に紋章として使われました。キクの品種改良が進むのは、江戸時代です。正式に、天皇および皇室の紋章として定められるのは、明治時代になってからです。

絵画にも、多くの植物たちが描かれています。たとえば、安土桃山時代の画人である狩野永徳の「花鳥図押絵貼屏風」の十二面には、多くの花があざやかな彩色で描かれています。この作品には、ビワ、ケイトウ、ゼニアオイ、ネズミモチ、ウメ、ムクゲ、オオテマリ、ボタン、クチナシ、ノウゼンカズラ、フヨウ、ツバキの12種類の植物たちが描かれています。

芸術や学問などの文化に貢献した人々に授与されるのは、文化勲章です。この勲章には、タチバナの5弁の花がデザイン化されて使われています。これは、植物と文化のつながりを象徴的に示すものです。

暮らしの素材になる

植物たちは、私たちの暮らしの中で、**生活を支える素材**でもあります。私たちの生活のもとになる「衣食住」という言葉がありますが、植物たちはこれらを支えています。

「衣」は衣服を意味し、その素材となる綿や麻は、ワタやアサなどの植物たちが直接につくり出すものです。絹は、カイコを介してつくられますが、植物のクワがカイコの食餌(しょくじ)として寄与しています。

化学繊維が開発され、その利用が増えても、綿や絹や麻という植物たちがつくる繊維の重要性が低下するものではありません。天然の繊維として、その価値はかえって上がっています。

「食」は食べ物のことです。イネ、コムギ、トウモロコシの三大穀物をはじめ、アワ、キビ、ヒエなどの雑穀類に加えて、豆類、芋類、野菜類、果物類など、私たちの食べ物は多くの植物たちに支えられています。

「住」は住居を指し、建築資材として植物たちは役立ってくれます。スギやマツ、ヒノキやケヤキなど、多くの樹々がはたらいてくれています。鉄筋コンクリートの建物が増えても、木造の建物はその価値を下げるものではありません。

建物が鉄筋コンクリートであっても、家の中の暮らしを支えるものとして、タンス、テーブル、床面など、植物たちを素材とするものの存在は、欠かすことができません。

植物たちは、このように、衣食住の維持に貢献してくれますが、それだけでなく、私たちの心の健康にも大いに役立っています。植物たちは、私たちの心を支える存在でもあるのです。庭や花壇、家庭菜園などの花と緑は、私たちの心を癒し、励まし、ときには、勇気づけてもくれます。

私たちは植物が存在していなくても、喜びや感動を味わうことはできます。でも、そばに植物がいてくれたら、その喜びや感動は何倍も大きなものになります。だからこそ、お祝いごとの場などでは、植物たちがその場の雰囲気を華やかに高めてくれるものとして飾られます。

私たちは、植物がいなくても、悲しみや苦しみに耐えることができます。でも、そのようなとき、植物たちがかたわらに存在してくれたら、植物たちの姿や色や香りに悲しみや苦しみはやわらげられます。心は癒されます。

また、植物たちのいきいきと生きる姿に励まされることもあります。だからこそ、昔から、悲しみや苦しみに耐えねばならない場には、植物たちがもちこまれ、植物たちが同席してくれているのです。

column

タケとともに暮らす

植物たちは、日々の暮らしの中で素材となる力をもっています。その一例として、古くから身近で、私たちとともに暮らしているタケを取り上げ、暮らしの素材となっている姿を紹介します。

〝松竹梅〟という、縁起のよい植物を象徴する言葉があります。その中でも、タケは、マツとウメに挟まれ、真ん中に位置する中心的な存在であり、遠い昔から、私たちとともに暮らしてきました。

タケは、年の初めには、お正月飾りの門松として、マツとともに用いられ、春には、「端午の節句」で活躍します。この日は「菖蒲(しょうぶ)の節句」ですが、タケは〝のぼり棒〟として鯉のぼりを支え、タケノコはお祝いの若竹煮として供されます。夏の「七夕の節句」は「笹竹の節句」ともいわれ、タケは、ササとともに、「七夕まつり」の主役を務めます。

芸術の秋になると、タケは、掛け軸や屏風などの画題となり、美しさや高潔な気品と風格に満ちた様子を君子にたとえられる「四君子」として、キク、ウメ、ランととも描かれます。また、水墨では墨竹画の主題になります。

このように、タケは、四季折々に欠かせない存在ですが、私たちの生涯を通しても身近にいます。子どものころには、竹とんぼ、竹馬、釣り竿などの素材として、遊びや趣味などに用いられます。

大人になれば、お箸、ざる、火吹き竹、物干し竿、すだれ、うちわや扇子の骨、和傘の骨や柄などで、生活をともにします。楽器としても、尺八で使われます。子どものころから剣道をはじめれば、生涯にわたって、タケの竹刀は手放せません。

健康を朱色の「朱竹」に託して、衣服にあしらわれたり、色紙画として飾られたり、絵画に描かれたりして、「家内安全」「子孫繁栄」「健康長寿」などが願われます。

高齢になると、背中などの手が届かないところが痒いとき、掻くのに使う「孫の手」のお世話になります。健康のための〝青竹踏み〟の素材としても使われます。

また、タケには、自分のからだからカビや病原菌を遠ざけたり退治したりするための香りがあります。これらは、私たちの暮らしの中で、大いに役立ちます。〝タケの皮〟が、昔は、お肉やおにぎりなどを包むのに利用され、近年でも、鯖寿司を包むの

＊＊＊

に使われます。これは、自然の素材で包むことにより、高級感をもたせる効果があることも一因ですが、食材を腐敗から守る働きが期待されます。

タケノコを供給することも、タケが私たちとともに生きるために大切であり、食材としても、私たちの暮らしを潤してきました。

このように私たち人間とともに生きることは、タケという一つの植物に焦点を当ててみても、これだけ多く、身近に役に立っているのです。

第2章

植物の〝色〟の秘密

葉っぱの色の正体

なぜ、葉っぱは緑色に見える？

「みどりの日」といえば、植物の日です。〝みどり〟という語は、葉っぱの色を想像させ、植物の代名詞となるのです。また、「花と緑」といえば、多くの人は、この〝緑〟が葉っぱをさすことを理解します。緑という色は、葉っぱを象徴する色なのです。

では、なぜ、葉っぱは緑色に見えるのでしょうか。「葉っぱは、緑色に見える」といっても、葉っぱは、明るいところでは緑色ですが、暗いところでは緑色ではありません。

もし葉っぱが自分で緑色を発光しているのなら、暗いところでも緑色に見えるはずです。ということは、緑色に見えますが、葉っぱが緑色を発光しているのではないのです。

「明るいところで、葉っぱは緑色に見える」ということは、「光が当たって、葉っぱは緑色に見えている」ということです。ですから、「なぜ、葉っぱは緑色に見えるのか」という問いかけは、「なぜ、光が当たると、葉っぱは緑色に見えるのか」という疑問に置き換わります。

葉っぱに当たる太陽や電灯の光には、いろいろな色の光が含まれていることは、よく知られています。いろいろな色の光と表現されますが、光は主に7色といわれることがあります。「虹の7色」や、「プリズムで7色に分かれる」と表現されます。でも、その7色の光には境目はありませんから、7色といっても、5色といっても、3色といってもいいのです。

ふつうは、「光の3原色」を、青色光、緑色光、赤色光の3色とし、これらが混じっているのが、私たちの見る光なのです。ということは、「光が当たる」というのは、葉っぱに、青色、緑色、赤色の光が当たるということです。

ですから、「なぜ、葉っぱは緑色に見えるのか」という問いかけは、「なぜ、青、**緑、赤の3色の光が当たると、葉っぱは緑色に見えるのか」という疑問になります。**

青、緑、赤の3色の光が当たれば、葉っぱは、青色光と赤色光を吸収します。ところが、葉っぱは、3色の光のうち、緑色光を嫌うように、吸収せずに、反射し、通り抜けさせるのです。

そのため、青、緑、赤の3色の光が当たる葉っぱを上から見ると、葉っぱが緑色に見えるのは、葉っぱの表面で反射した緑色光が目に届くからです。青色光と赤色光は、葉っぱに吸収されて、目に届かず、葉っぱは青色や赤色には見えません。

また、青、緑、赤の3色の光が当たる葉っぱを下から見ても、葉っぱが緑色に見えます。それは、反射されなかった一部の緑色光が、葉っぱの中を通り抜けて、目に届くからです。青色や赤色の光は、葉っぱに吸収されて、通り抜けてきません。

葉っぱがこの性質をもつのは、葉っぱの中に含まれる〝緑の色素〟の性質です。結局、**葉っぱがもつ緑色の色素は、光が当たると、青色光と赤色光を吸収し、緑色光を反射させたり、通り抜けさせたりするのです。**それが、葉っぱが緑に見える理由なのです。その〝緑の色素〟とは、「クロロフィル」あるいは「葉緑素」とよばれるものです。

葉っぱに吸収された光は、何に使われる？

ふつうの光に含まれる青色光、緑色光、赤色光が、葉っぱに当たると、青色光と赤色光は葉っぱに吸収されます。葉っぱは、光合成をするために光を使っています。ですから、「**吸収された青色光と赤色光の光は、光合成に使われる**」と想像されます。

そこで、19世紀、ドイツの植物学者、エンゲルマンは、葉っぱに青色光や赤色光を当てると、光合成が行われることを確認しようと思いました。

当時、葉っぱに光が当たると、光合成が行われ、酸素が放出されることがわかっていました。ですから、エンゲルマンは、葉っぱに青色光や赤色光を当てると、酸素が放出されるのを示そうとしました。

ところが、それは簡単なことではなかったのです。なぜなら、放出される酸素は無色無臭の気体だからです。目で見たり、鼻でにおいを感じたりはできません。そこで、エンゲルマンは、酸素の発生を確認するのに巧みな工夫を凝らしました。すなわち、葉っぱから放出される酸素の量を目に見えるようにしたのです。といっても、酸素の量が実際に目に見えるわけではありません。

彼は、酸素が大好きで酸素が放出されると、そこに群がる性質をもつ細菌（バクテリア）を利用しました。光が当たると光合成をする「アオミドロ」という緑色の藻類のまわりに、酸素の好きな細菌を多く放ったのです。

この細菌は、酸素が好きなので、酸素が発生するところに集まります。多くの酸素が発生するところに、多くの細菌が集まります。発生する酸素の量が、集まる細菌の量で表わされ、目にすることができるのです。

彼は、この細菌と緑藻のアオミドロをいっしょに置きました。アオミドロは、細長いからだで、光合成をします。そこで、細長いアオミドロのからだに、プリズムで分けた、いろいろな色の光を当てました。光合成に使われる光が当たった部分には、多くの酸素が発生し、多くの細菌が集まるはずです。

酸素を好む細菌が何色の光が当たったところに集まるかが、調べられたのです。その結果、**青色光が当たる部分と赤色光が当たる部分に、酸素を好む細菌が多く集まりました。緑色の光が当たった部分には、細菌はほとんど集まりませんでした。**

ということは、青色の光と赤色の光が当たっている部分で、光合成が盛んに行われて、酸素が放出されていることを意味します。**「葉っぱに吸収された青色光と赤色光は、光合成に使われている」**ことが、明らかになったのです。

なぜ、秋に、葉っぱが黄葉するのか？

秋になると、イチョウの葉っぱは、毎年変わらずにきれいに黄葉します。この黄葉の特徴は、個々の木の〝色づき〟の美しさが、場所によっても、年によっても、違わないことです。

たとえば、「あそこのイチョウは色づきがよい」とか「あそこのイチョウは色づきがよくない」と、個々の木のイチョウの色づきの具合が、場所によって、色づきの美しさが見比べられることはありません。

「あそこのイチョウ並木は美しい」といわれることはあります。しかし、それは、「個々の木の葉っぱの色づきがよい」ということではなく、「黄葉したイチョウの木が集まっているので、並木道が美しく見える」ということです。

また、「今年のイチョウの色づきは美しい」とか「今年はイチョウの色づきがよくない」などと、年による色づきの美しさの違いもいわれません。イチョウの黄葉の色づきは、年によって違わないのです。

イチョウの色づきが、場所によっても、年によっても、違わない理由は、葉っぱが緑色の夏に、黄色い色素がすでにつくられているからです。秋に、葉っぱが黄葉するのは、秋に黄色い色素がわざわざつくられるのではなく、すでにつくられていた黄色の色素が目立ってくるだけなのです。

葉っぱの緑色の色素は「クロロフィル」、黄色の色素は「カロテノイド」という名前です。クロロフィルの緑色は春からずっと葉っぱで目立ち、カロテノイドの黄色は、緑色の濃さに負けてしまい、存在していても目立ちません。

ところが、**緑色の色素であるクロロフィルは寒さに弱いのです。そのため、秋になって、気温が低くなると、緑色の色素は、分解されて減少し、葉っぱから消えていきます。すると、緑色の色素のために目立たなかった黄色の色素が目立ってきて、葉っぱは黄色くなります。**

年によって、秋の気温が低くなる状況は違います。気温の低下が早く厳しく起こる年には、緑の色素が消えるのは早く、黄葉が早めに訪れます。逆に、秋の気温の低下が遅かったり弱かったりすると、緑の色素が消えるのは遅くなり、黄葉が遅れます。

ですから、「今年の黄葉は早い」とか「今年の黄葉は遅い」とかいわれることがあり、黄葉の〝訪れ〟が早いか遅いかは、年によって異なります。また、その〝訪れ〟は、地域によって違います。

しかし、**冬が近づけば、気温は確実に下がり、緑色の色素はなくなります。**ですから、隠れていた黄色の色素が目立ってきて、葉っぱは必ず黄色になります。そのため、早いとか遅いとかはあっても、イチョウの〝色づき〟は、年ごとに、場所ごとに、違うことはないのです。

黄葉と紅葉は、文字どおり、葉っぱの色が違います。でも色が違うだけでなく、黄葉と紅葉は、そのしくみが異なります。黄葉は、年ごとに、場所ごとに、違うことはないのですが、紅葉の〝色づき〟は、年によって、場所によって、大きく異なります。

黄葉と紅葉は、色が違うだけ？

秋に紅葉する代表は、カエデです。この葉っぱの〝色づき〟は、年ごとに違います。そのため、「今年の色づきはきれい」とか「昨年は色づきがよくなかった」などといわれます。また、「あそこのカエデがきれい」とか「あそこのカエデは、色づきがよくない」のように、場所による違いもいわれます。紅葉の名所といわれるところであっても、色づきは、年によって、場所によって、異なるのです。

この理由は、カエデは、緑色の葉っぱのときに、赤い色素をもっていません。だから、赤色になるためには、葉っぱの緑色がなくなるにつれて、「アントシアニン」という赤い色素が新たにつくられなければなりません。

アントシアニンがつくられても、きれいに紅葉するためには、葉っぱの緑色の色素である「クロロフィル」が消えねばなりません。もしうまく消えなければ、赤色と緑色が混じった紅葉になり、透き通ったような真っ赤な紅葉にはなりません。

ですから、秋に、緑色の色素が消えることは、きれいな紅葉のためには大切なのですが、これだけでは、葉っぱは赤く色づきません。赤い色素であるアントシアニンが多くつくられ、その色素が保持されなければなりません。

そのため、葉っぱがきれいに紅葉するためには主に三つの大切な条件があります。

一つ目は、**一日の温度の変化であり、昼は暖かく、夜は冷えることです**。クロロフィルが消えるためには、低い温度が必要であり、アントシアニンがつくられるためには、暖かい温度が必要です。

二つ目は、**太陽の光、とくに紫外線が強く当たることです**。アントシアニンは、紫外線が当たるとつくられる物質だからです。クロロフィルが消え、アントシアニンがつくられると、きれいな紅葉になります。

年によって、昼の暖かさと夜の冷えこみ具合が違います。そのため、色づきが、年ごとに早い、遅いという違いが生じ、年ごとに色づきが「よい」とか「よくない」ということになります。また、場所によって、昼の暖かさと夜の冷えこみ具合は違います。紫外線の当たり具合も、場所によって違います。そのため、紅葉の加減は、場所によって異なるのです。

三つ目は、**湿度です**。紅葉では、赤い色素が新しく生まれてきます。「新しく生まれてくる」といっても、紅葉は葉っぱが老化していく現象のあらわれです。紅葉は、葉が老いていきつつ最後に美しく装い、姿を輝かせる現象です。

葉っぱの老化は、湿度が低い乾燥した条件で、急速に進みます。そのため、ゆっくりと、きれいに紅葉を保持しながら老化していくには、高い湿度が必要です。カエデは、霧がかかるような、湿度の高い谷間の斜面できれいな紅葉が見られます。

紅葉するのに大切な「**昼と夜の温度の変化**」「**強い紫外線**」「**高い湿度**」という三つの条件を満たすのが、「紅葉の名所」です。紅葉の名所といわれる場所の多くは、小高い山の中腹にある斜面です。

このような場所では、昼間には太陽の光がよく当たり、夜は冷え込むので、昼と夜の寒暖の差がはっきりしています。空気がきれいに澄んでいるので、紫外線がよく当たります。谷間に霧が発生するように、高い湿度が保たれます。「日本三大紅葉の里」といわれる、京都府の嵐山（あらしやま）、栃木県の日光（にっこう）、大分県の耶馬溪（やばけい）などは、川が流れ、寒暖の差が激しく、空気がきれいで紫外線がよく当たる場所です。

家の庭や公園にある、1本のカエデの木でも、太陽の光がよく当たり、夜に冷たい風が当たる高いところにある外側の葉っぱから、先に赤くなります。真っ赤に染まった紅葉を眺めるだけでなく、身近な木でも紅葉の色づき方を観察してください。

****

column

黄葉や紅葉は、何のため？

「何のために、イチョウやカエデなどが黄色や赤色になるのか」と不思議がられます。残念ながら、「この現象が、このためなのです」と言い切れるほど明確な理由は不明です。

でも、黄色の色素は「カロテノイド」、赤の色素は「アントシアニン」です。二つとも、紫外線の害を消去する物質です。ですから、これらの色素の働きを考えると、「何のために、イチョウやカエデなどが黄色や赤色になるのか」という疑問に答えることができます。

イチョウでもカエデでも、樹のあちこちに小さな芽があります。これらは、来春に芽吹く、次の世代を生きる芽たちです。秋の日差しには多くの紫外線が含まれていますから、これらの芽は守られねばなりません。黄葉や紅葉の葉っぱの色素は、日差しが弱くなる冬までの一時期、紫外線を吸収して、芽が傷つけられることから守っているのです。

＊＊＊

では、「なぜ、多くの樹木の中で、イチョウとカエデだけがきれいに色づくのか」という疑問もあるでしょう。色づくのは、イチョウとカエデだけではありませんが、これらはその代表です。この疑問に対して、科学的ではありませんが、私は葉っぱの気持ちを想像することはできます。

花は咲いたとき、「きれい」とか「かわいい」とか「美しい」などともてはやされ、「香りがいい」とも褒められます。ツボミはできるだけでも、「ツボミができた」と感激されることがあります。そのあとは、花が咲く日が待ちわびられます。「ツボミが何個できた」とか「花が何個咲いた」と数えられることもあります。

「花が咲き終わった後には、実がなるのが期待され、実は小さなときから大きくなるのが待ち望まれます。実は大きくなって成熟すると喜ばれ、「おいしい」とか「甘い」とか「りっぱ」などと騒がれます。「何個、実った」と数えられることも多くあります。

このようにもてはやされる花や実に比べて、葉っぱが「きれい」とか「美しい」などといわれるのは、新緑の季節などを除けば、きわめて稀(まれ)です。どんなに大きく成長しても、「りっぱ」とか「大きい」などと感心されることはほとんどありません。また、「葉っぱが、何枚できた」と数えられることはありません。

＊＊＊＊＊＊＊＊＊＊＊＊＊＊＊＊＊＊＊＊＊＊＊＊＊＊＊＊＊＊＊＊＊＊＊＊＊＊

きれいな美しい花が咲き、おいしい実がなるのは、葉っぱの働きがあるからこそです。それなのに、花や実のそばに茂る葉っぱは、花が咲き実がなるのを待ちわびる人たちに、ほとんど見向かれません。「きれいな花が咲き、おいしい実ができるのは、葉っぱの働きのおかげだ」と、葉っぱに感謝する人はほとんどありません。

しかし、葉っぱは自分がちやほやされないことに不平や不満を抱いていないでしょう。「花を咲かせ実をならせるのが自分の仕事であり、自分が育てた花や実がちやほやされれば、それでいいですよ」と、満足しているはずです。葉っぱは、花や実に、次の世代に命をつなぐ仕事を託しているからです。

多くの葉っぱは、働きを終えると、その存在に目を向けられることもなく、そのまま枯れてしまいます。そこで、イチョウやカエデが生涯の終わりに、葉っぱの存在の大切さを知らせるために、「きれいでしょう」「美しいでしょう」と誇らしげに、真赤になったり、黄金色になったりするのです。黄葉や紅葉は、葉っぱの最後の自己主張のあらわれなのかもしれません。

花の色の正体

なぜ、花にはきれいな色がある？

春の花壇では、いろいろな種類の植物たちがいっしょに育ち、いっしょに花を咲かせています。ですから、「植物たちは、仲良しだな」という印象を受けます。でも、仲がいいはずはありません。

なぜなら、それぞれの植物は、自分のところにハチやチョウなどが寄って来てくれたら、花粉を運んでくれるので、子どもを残せる可能性が生まれるのです。ですから、同じ種類の仲間の植物たちはいっしょに花を咲かせて仲良しでいいのですが、違う種類の植物たちとは、虫を誘い込む競争をしなければなりません。

子孫の存続をかけて、虫を誘う魅力を競い合っているのです。少し大げさにいうと、多くの種類の植物たちがいっしょに花を咲かせる春の花壇は、生存競争の舞台なのです。

その競争に勝つために、それぞれの種類の植物たちは、花の色や形、香りや蜜の味に工夫を凝らして、魅力を競い合っているのです。その大切な魅力の一つが、それぞれの**植物たちがもつ花の〝色〟**なのです。

多くの植物たちが美しくきれいな色で花を装う理由の一つは、「**目立ちたいから**」です。ただ、植物たちは私たち人間に目立ちたいのではありません。

私たち人間に目立って、「美しい」とか「きれい」とか「かわいい」といわれると、大切にされるので、植物たちにとってはよいことかもしれません。でも、このような褒め言葉を聞くと、植物たちは「自分の魅力が何か不足しているのではないか」と悩んでいるかもわかりません。

なぜなら、花は植物たちの生殖器官だからです。ですから、花を咲かせた植物たちがほんとうに言われたい褒め言葉は、別にあるはずです。それは、「うわあ、セクシー！」という言葉です。

花は生殖器官ですから、植物たちが花を咲かせるのは、子どもであるタネをつくるためです。次の世代へ命をつなぐために、花は咲くのです。だから、花は、咲いた限りはタネをつくらねばなりません。

そのためには、植物たちは、オシベにできる花粉をメシベに移動させなければなりません。その移動を虫や小鳥たちに託す植物たちは、ハチやチョウ、メジロやヒヨドリなどに寄ってきてもらわねばなりません。ですから、花を美しくきれいに装って、虫や小鳥たちに「ここに花が咲いているよ」と目立ちたいのです。

「ほんとうに、植物たちが『目立ちたい』と思っているかどうかは疑わしい」と思う人がいるかもしれません。たしかに、私は植物たちから「『目立ちたい』と思っている」と直接聞いたわけではありません。しかし、そのように考えられる理由はいくつかあります。主なものは、次の三つをあげることができます。

一つ目は、花には、「**あってはならない色**」があることです。それは、葉っぱと同じ緑色です。葉っぱと同じ緑色をしていては、目立たないからです。新緑のきれいな緑の葉っぱの中で、虫や小鳥を誘うためにきれいな新緑の葉と同じ緑色をした花を咲かせる植物たちはいません。

「緑色の花を咲かせる」といわれる植物たちがないわけではありません。よく知られているのは、サクラの「御衣黄（ギョイコウ）」という品種の花です。しかし、花びらが緑色がかっているだけで、葉っぱと同じような緑色ではありません。

二つ目は、**多くの植物たちの花は葉っぱより上に咲き、葉っぱに隠れるように咲く花は少ないことです。**葉っぱよりひときわ高く、花を支える柄や茎を伸ばし、その先端に花を咲かせる植物たちが多くあります。これらは「なぜ、花が美しくきれいに装うのか」との質問に対する答えが、まちがいなく、虫や小鳥たちに「目立ちたいから」であることを示唆しています。

三つ目は、**目立つ色の色素で装うことです。**植物たちが虫や小鳥たちを引きつける魅力は、〝色香〟です。「色香で惑わす」というと、私たち人間ではあまりいい表現ではないのですが、植物たちは、まちがいなく、虫や小鳥たちを花の色と香りで惑わし、誘い込みます。

花のもつ色素の正体

植物たちが色素で美しくきれいに花を装う理由の一つは、虫や小鳥たちに目立つことです。しかし、それだけではありません。大切な理由がもう一つあります。それは、**植物たちの紫外線対策**です。

紫外線は、植物であろうと人間であろうと、からだに当たると、「活性酸素」という物質を発生させます。活性酸素は、からだの老化を促し、多くの病気の原因となる、きわめて有毒な物質なのです。

紫外線がからだに当たれば、有害な活性酸素がからだに発生するのです。そこで、**植物たちは、活性酸素を消し去る働きをする「抗酸化物質」とよばれるものをからだの中につくります**。抗酸化物質の代表は、ビタミンCとビタミンEです。

植物たちは、ビタミンCやビタミンEの他にも、紫外線の害を打ち消す抗酸化物質をもっています。それが花に含まれている色素です。花の色素は、抗酸化物質なのです。植物たちの花に含まれる色素は、主に3種類です。

一つ目は、「フラボノイド」と総称される物質です。その代表的な物質は、アントシアニンです。アントシアニンは、赤い色や青い色の花に含まれます。バラ、アサガオ、ペチュニア、パンジー、シクラメン、サツキツツジなどの赤い花の色はこの色素によるものです。また、ツユクサ、キキョウ、リンドウ、ペチュニアなどの青い花の色もアントシアニンによるものです。

二つ目は、「カロテノイド」という黄色や橙色の色素で、あざやかさが特徴です。キクやタンポポ、ナノハナやマリーゴールドなどの黄色い花の色は、この色素によるものです。カロテノイドの代表的な物質が、「カロテン」です。

カロテンは、「カロチン」ともいわれます。カロテンは英語読み、カロチンはドイツ語読みです。カロテンは、「カロテノイド」という物質の一種です。ですから、カロテンのかわりに、カロテノイドという語が使われることがあります。この語も、以前は、ドイツ語読みでカロチノイドでしたが、最近は、英語読みのカロテノイドが多く使われます。

三つ目は、「ベタレイン」という色素で、黄色や赤色を出します。オシロイバナ、マツバボタン、ケイトウ、ブーゲンビリア、サボテンなどの花の色はこの色素によります。この色素により黄色や赤色の花を咲かせるのは、ごく限られた種類の植物です。

花びらを美しくきれいに装う、これらの色素は、紫外線の害を防ぐ抗酸化物質なのです。**植物たちは、これらの色素で、花を装い、花の中で生まれる〝子ども（タネ）〟を守るのです。**

花びらに囲まれた花の中央には、メシベがあり、その基部で子どもが生まれてきます。その子どもを紫外線から守るために、花びらには、紫外線が当たって生み出される有害な活性酸素を消去する抗酸化物質が多く含まれているのです。

このため、植物に当たる太陽の光が強ければ強いほど、活性酸素の害を消すために多くの色素がつくられ、花の色はますます濃い色になります。高山植物の花には、美しくきれいであざやかな色をしているものが数多く存在します。空気が澄んだ高い山の上には、紫外線が多く照りつけるからです。

また、強い太陽の光が当たる畑や花壇などの露地で栽培される植物の花は、紫外線を吸収するガラスで囲まれた温室で栽培される植物の花より、ずっと色あざやかです。これは、紫外線を含んだ太陽の光を直接受けるからです。

植物たちは、紫外線という有害なものが多ければ多いほど、からだを守るために色あざやかに魅力的になります。植物たちは、有害な紫外線が多く降り注ぐという逆境に抗して、ますます美しく魅力的な装いになるのです。

私たちも、「逆境を糧に、魅力を高める」という植物たちの生き方を見習いたいものです。

なぜ、花はきれいな色に見える？

植物たちの美しい花には、主に、アントシアニン、カロテノイド、ベタレインの3種類の色素が含まれており、それらのおかげで、花が青色、黄色、赤色に見えます。これらの色素があると、なぜ、青く見えたり、黄色に見えたり、赤く見えたりするのかを考えましょう。

たとえば、青色の花について、「なぜ、青色に見えるのか」と問えば、「青い色素をもっているから」という答えが返ってきます。同じように、「黄色の花は、黄色い色素をもっているから」、「赤色の花は、赤色の色素をもっているから」と答えられます。そして、これは間違いではありません。

しかし、暗いところでは、花は、青色や黄色、赤色には見えません。そこで、もう一歩踏み込んで、「**なぜ、青色や黄色、赤色の色素をもっていると、青色や黄色、赤色に見えるのか**」と考えてください。それが、花がきれいな色に見える〝しくみ〟といえます。

このしくみは、「緑色の色素をもつ葉っぱが、緑色に見える」のとまったく同じです。ですから、先に、本章の「なぜ、葉っぱは緑色に見える？」（→66ページ）で紹介した〝しくみ〟を復習しましょう。

葉っぱに含まれる緑の色素は、緑色光を嫌うように、緑色光を吸収せずに、反射したり通り抜けさせたりします。同じように、青色の花に含まれる青色の色素は、光に含まれる青色光を反射し通り抜けさせるのです。

同じように、黄色の花に含まれる黄色の色素は、黄色を反射し通り抜けさせ、赤色の花がもつ赤色の色素は、赤色を反射し通り抜けさせます。反射し通り抜けた、それぞれの光が目に入ってきて、青色や黄色、赤色の花に見えるのです。

花には、もう一つ、白色があります。白い花には、どんな色素が含まれているのでしょうか。白い花にも、「フラボン」や「フラボノール」という色素が含まれています。

しかし、それらは白色の色素ではなく、無色透明か、うすいクリーム色の色素なのです。これらの色素も、抗酸化物質なので、青や赤、黄色の色素と同じように、花を紫外線から守る働きはあります。

白色の花には、白色の色素は含まれていないのに、白く見えるのです。これには、〝しくみ〟があります。実は、輝くような真っ白な花の色は、〝小さな空気の泡〟に由来します。花の白色は、花びらに当たった光が小さな空気の泡から反射した色なのです。

「花の白色は、小さな空気の泡に光が反射しているだけ」といわれると、輝くような真っ白な花の色に抱いていた高貴な思いが覚めるかもしれません。でも、滝で見られる水しぶきが白く見え、湖や海の波が白く見えるのも、ビールの泡や石鹸の泡が白く見えるのも同じです。

ですから、白色の花びらの中の小さな空気の泡を追い出せば、花びらは無色透明になります。白い花びらを親指と人差し指に挟んで強く力を込めると、その部分から小さな空気の泡が押し出され、無色透明になることで容易にたしかめられます。

ただ、私たち人間には、白い色の花にしか見えなくても、虫には色が違ったり、紫外線のために模様がついていたりして、違った模様の花に見えているはずです。なぜなら、昆虫には紫外線が見えるからです。

太陽の光には、私たちが見ることのできる「可視光」とよばれる光以外に、紫外線が含まれています。紫外線を感じることができるカメラで撮った花の写真を見ると、花びらには、紫外線を反射する部分と吸収する部分があることがわかります。

これらの部分が、ハチやチョウには、花びらの模様として見えているはずです。そのため、同じように見える白色の花であっても、私たち人間には1色に見える花であっても、昆虫には模様があることもあるのです。黄色の花でも同様です。たとえば、代表的なのはナノハナの花です。

このような模様は、昆虫にとって、花の目印となるとともに、花粉や蜜がある花の中心部に誘われるのに役立つと考えられます。

花の色が変化することに、意味はある？

咲いたときには、白色の花が、時間の経過とともに、あるいは、日の経過とともに、赤みを帯びてくることは、よくあります。この現象について、「花の色がこのように白色から赤色に変化するのに、どんな意味があるのですか」という疑問がもたれます。

たとえば、フヨウ（芙蓉）の仲間であるスイフヨウの花は、朝方は白色ですが、夕方には赤みを帯びて萎れます。赤みを帯びる現象が酒に酔って赤くなるのに見立てられ、この植物の漢字表記は、「酔芙蓉」です。

ワタの花も、咲いたばかりのときには白色ですが、萎れるときには赤みを帯びてきます。これらの花びらが赤みを帯びるのは、アントシアニンという赤い色素がつくられてくるからです。

これについて、「この現象は、こういう意味です」とはっきりと答えることはできません。でも、**「花は生殖器官であること」**、そして、**「白い花は虫に目立ち、虫は赤い色に鈍感である」**ことを考えれば、その意味が見えてきます。

咲いたばかりの花が白いのは、「虫に目立って寄ってきてもらい、花粉のやりとりを開花したばかりの元気なうちに済ませたい」という、植物たちの気持ちの現れでしょう。

花粉のやりとりが終わった後は、いつまでも虫に目立つ白色をして虫を誘い込んでは、新しく出てくる花の邪魔になります。そのため、虫に目立たない赤色になると考えられます。「このように考えるのが、正しいのか」という疑問もあるでしょう。

でも、このような考え方が正しいことを支持し、さらに深い意味をもつことを教えてくれるオオオニバスとランタナの花色の変化について、紹介します。

オオオニバスは、二日間にわたって、一つの花を2回開かせます。2回とも、開花は夕方に起こります。1回目の開花では、白い花びらが開き、強い香りが放たれます。夕方から暗くなった中で、白い花が浮かび上がり、強い香りが漂えば、その香りにおびき寄せられて、虫がやってきます。花の中には蜜があり、中に入ると、虫はごちそうにありつけます。

虫たちは、むしゃぶるようにごちそうを食べているうちに、花が閉じます。虫は、花の中に閉じ込められてしまいます。閉じ込められた虫たちは、花の中で暴れまわります。その状態になって、オシベから花粉がでてきて、花の中で暴れまわる虫のからだにつきます。虫のからだ全体に大量の花粉がつき、虫は花粉まみれになります。

この花は、花びらが閉じて虫を閉じ込めるので、2回目に開花する翌日の夕方まで、虫は花の中から外へは出られません。花は、虫にたっぷりと花粉をつける作業を終えた夕方、再びゆっくりと開きます。一日目は香りが強い白い花でしたが、二日目の花は、赤みがかった色になっており、虫を引き寄せる香りは放出しません。

虫は、開いた赤みがかった花から花粉まみれになって飛び立ち、まわりにある強い香りを放つ白い花に誘われていきます。白い花では、メシベは成熟しており、花粉をつけた虫がくると、からだにたっぷりとついた花粉がメシベについて、受粉、受精をします。

２回目に開花した赤みがかった花は、虫が赤味がかった色に鈍感なので、虫に目立たず、虫をひきつける香りもありません。そのため、２回目の開花をした花に、虫たちが再び戻ってくることはありません。

自分の花粉をもった虫が自分の花に戻ってこないので、自分の花粉は、確実に他の株の花に届けられます。「自分の花粉を自分のメシベにつけずに他の株の花につけることに、利点があるのか」との疑問があるかもしれません。

多くの植物たちは、自分の花粉を同じ花の中にある自分のメシベにつけてタネを残すことを望んでいません。そうして子どもをつくると、自分と同じような性質の子どもが生まれるからです。

生き物が子どもをつくるのは、自分たちの命を、次の世代へ確実につないでいくためです。そのため、いろいろな性質の子どもが生まれるほうがいいのです。暑さに強い子ども、寒さに強い子ども、乾燥に強い子ども、日陰に強い子ども、病気に強い子どもなど、いろいろな性質の子どもがいると、自然というさまざまな環境の中で、どれかの子どもが生き残ることができます。

ですから、いろいろな性質の子どもをつくるために、自分の花粉を自分のメシベにつけずに他の株の花につけて子どもをつくりたいのです。オオオニバスの花は、そのための見事なしくみを身につけているのです。

咲いたばかりの花は、「**虫に目立って寄ってきてもらい、花粉のやりとりを開花したばかりの元気なうちに済ませたい**」という気持ちをもっているのでしょう。花粉のやりとりが終わった花は、いつまでも虫に目立つ色をして虫を誘い込んでは、他の花の邪魔になるので、虫には目立たない赤色になるのです。

もう一つの例は、熱帯アメリカやアフリカを原産地とするランタナという植物です。この植物の場合は、白色の花が赤みを帯びてくるのではなく、あざやかな黄色の花が赤みを帯びてくるのです。

近年、この植物は、私たちのまわりでも、よく栽培されています。夏から秋に、多数の小さい花が枝の先に集まって咲きます。花の色が変化しない品種もありますが、花の色が変化するのがこの植物の魅力であり、「七変化」との別名があります。
花の色は、開花後、日の経過とともに、黄色から橙（だいだい）色を経て、赤色へと変化します。黄色の花は、花の集まりの真ん中から生まれ、それまで中央にあった花は、赤みを帯びながら、周辺部に押しやられます。そのため、花の集まりの中央部には、咲いたばかりの黄色の花があり、そのまわりに赤色の花となります。

多くの虫の目は、赤色より黄色を敏感に感じます。ですから、虫たちは、咲いたばかりの黄色い花に集まります。花色が黄色い間に受粉を済ませた花は、虫たちに目立たない赤色になって、周辺部に移動するのです。

「ほんとうに、この花の色の変化が、ハチやチョウなどによる受粉の効率を上げるのに役立っているのか」との疑問をもたれたら、この花の前で、飛んできたハチやチョウが、どの花にとまるかを観察してみてください。

飛んできたハチやチョウが、中央の黄色い花にとまり、まわりの赤色の花にはとまらないことが確認できます。

column

アジサイの花は、青色か、赤色か？

「アジサイの花の色は、日本では青色、ヨーロッパでは赤色」といわれます。昔から、日本では、この植物の花は青色だったのです。ですから、「青い色の花が集まっている」ことを意味する「集真藍（あづさあい）」という名で呼ばれ、これが変化して「あじさい」といわれるようになりました。

といっても、日本でも、咲きはじめてから萎れるまでに花の色が変わることがあります。また、鉢植えで買ったアジサイを地植えにすると、翌年には違う色の花が咲くことがあります。このように、花の色が変わりやすいことにちなんで、この植物の花言葉は「移り気」や「浮気」などといわれ、「七変化」という別名もあります。

また、アジサイの花の花びらといわれる部分は、植物学的には、花びらではなく、普通の花の「がく（萼）」という部分が、大きくなって色づいたものです。ほんとうの花ではないので、「装飾花」といわれます。この装飾花の色を出すのは「アントシアニン」という色素です。この色素は、花びらの中の状態によって、赤色になったり青色になったりします。そのため、咲きはじめに青色であった花が、萎れるときには赤色になります。アントシアニンは、青色を発色するのですが、花びらの中の状態が変わると、赤みを帯びてくるのです。

アジサイの花の色が「日本では青色、ヨーロッパでは赤色」といわれる理由は、日本の土壌は酸性なのに対し、ヨーロッパの土壌はアルカリ性だからです。**土壌が酸性だと、土壌に含まれるアルミニウムが溶け出し、根に吸収されます。**アルミニウムが花に多く含まれると、この色素は青色になります。アルカリ性の土壌では、アルミニウムが溶け出さないために吸収されず、花の色は青くならず赤色を呈します。

鉢植えで赤い花のアジサイを買って、花の季節がすんだあと、地面に植えておくと、翌年に青い花が咲くこともあります。その土壌が酸性だからです。一株に、青みを帯びた花や赤みを帯びた花が咲くこともあります。これは、土の酸性の程度が根の伸びている場所で異なるためです。あるいは、青色の花が花びらの状態が変化したために、赤みを帯びてきているのです。

日本の土壌が酸性なのは、雨が多く、土壌にアルカリ性をもたらすカルシウムやマグネシウムなどが流されているからです。

果実の色の正体

なぜ、果実はきれいな色をしている？

リンゴの赤色やミカンの黄色など、見た目もあざやかです。「なぜ、果実がきれいな色をしているのか」との疑問がもたれることがあります。果実の色の正体は、花の色素と同じです。

ブドウやナス、ブルーベリーなどの赤みや青みを帯びた果実の色は、アントシアニンによるものです。カキやパプリカ、トマトやカボチャなどの果肉の黄色い色は、カロテノイドによるものです。

果実がきれいな色をしている理由の一つは、**動物に食べてもらうため**です。タネができあがっていない間は食べられては困りますから、果実は目立たないように葉っぱと同じ緑色をしています。

その後、タネが成熟してくると、果実はきれいな目立つ色になってきます。「もうおいしくなっていますよ」と、動物にアピールすることによって、食べてもらうのです。

動物が果実を食べてくれると、その場にタネを飛び散らします。あるいは、動物がタネごと飲み込んだら、糞としてどこかで出されます。そうすると、植物たちは、動きまわることなく、新しい生育地に移動することができ、生育する地域を広げることができます。

ですから、タネが完熟すれば、動物に食べてもらうというのは、植物たちにとって、一つの大切な意味をもっているのです。これは、**植物たちが動きまわることなく新しい生育地を獲得し、発芽するときに〝密〟になることを避ける一つの方法です。**

果実がきれいな色をしているもう一つの理由は、花びらに含まれる色素の場合と同じです。**果皮や果肉に含まれる色素は抗酸化物質ですから、果実の中のタネを紫外線の害から最後まで守っているのです。**

ですから、果実の色は、花の色と同じように、強い太陽の光が当たれば当たるほど、紫外線の害を消すために、ますます濃くきれいな色になります。たとえば、ナスやトマト、リンゴなどの果実は、強い太陽の光に当たると、ますます濃くきれいな色になります。

植物たちは、有害な紫外線がガンガンと照りつけるという逆境に抗(あらが)って、多くの色素をつくり出すのです。**紫外線が多いという逆境の中で、いろいろな果実類がきれいに色づいていくという意義は、植物たちが子孫を守ることなのです。**

「赤くなると、お医者さんが青くなる」野菜と果実

「果実がよく熟すると健康を促すので、病院に行く人の数が減り、お医者さんの顔色が青くなる」という意味で、「赤くなると、お医者さんが青くなる」といわれる野菜と果物があります。

このように言い伝えられるのは、ヨーロッパでは、トマトです。トマトは、南アメリカのアンデス山脈の高地が原産地であり、世界中で栽培される野菜です。ヨーロッパでは、古くから愛されていました。

日本には、江戸時代に伝来し、明治時代の後期に食用として栽培されるようになりました。古くは中国名の「蕃茄（ばんか）」と書かれることもありました。「トマト」という日本での呼び名は、英語の「トマト（tomato）」に由来します。

英語の「トマト」は、メキシコの先住民の「トマトゥル」の呼び名に由来し、「膨らむ果実」を意味します。「トマトゥル」は、「もともとは、『ホオズキ』という植物を指す言葉であった」といわれます。トマトの原種がホオズキの実の色や形、大きさが似ていたことから、「トマトゥル」という名が定着したと思われます。

赤いトマトが健康を促す理由は、主に、健康によい、二つの赤い物質が多く含まれるからです。「カロテン」と「リコペン」とよばれる色素です。これらの色素は、抗酸化物質であり、老化やガン、白内障の原因になる有害な活性酸素をからだから消し去る作用をもちます。

古くから、「トマトのある家には、胃病なし」といわれます。また、トマトは、フランスやイギリスでは「愛のリンゴ」、イタリアでは「黄金のリンゴ」、ドイツでは「天国のリンゴ」とよばれます。ヨーロッパには、健康によく価値が高い果実を〝リンゴ〟とよぶ習慣があるのです。トマトが〝リンゴ〟とよばれるのは、健康を守る働きが高く評価されているからです。

「赤くなると、お医者さんが青くなる」といわれる果物は、ヨーロッパではトマトですが、日本ではカキです。カキは、カキ科の植物で、日本で古くから栽培されてきました。

カキは、日本を含む東アジア原産の果物なので、数十年前、私がアメリカにいたころ、スーパーマーケットなどには売られていませんでした。アメリカでは、あまり知られていない果物だったのです。

そのためか、果物の英語名は、リンゴやミカン、ブドウなどはよく知られていますが、カキの英語名は意外と知られていません。「パーシモン（persimmon）」といいます。もし知っておられたら、「ボキャブラリーが豊富と崇められる」はずです。

カキの学名は、「ディオスピロス　カキ（*Diospyros kaki*）」です。学名というのは、国際的に通じる植物の名前で、その植物が属する「科」の下のグループ名を示す「属名」と、その植物の特徴を表す「種小名」の二つの語から成り立ちます。

カキの属名「ディオスピロス」は、「神」を意味する「ディオス」と、「食べ物」や「贈り物」を意味する「ピロス」から成り立ちます。種小名の「カキ」は、日本名がそのまま使われています。

　カキは、江戸時代に長崎（現在の長崎県）の出島に滞在していたスウェーデンの医師、ツエンベリーにより、ヨーロッパへ紹介されました。そのため、種小名に日本語の「カキ」がそのまま使われているのです。

　カキは「カキとよばれる神様の食べ物」、あるいは、「カキとよばれる、神様からの贈り物」ということになります。いずれも、カキがおいしく栄養に富んでいることに由来するのでしょう。

「カキが赤くなれば、お医者さんが青くなる」といわれる理由は、栄養に富んでいることです。カキには、抗酸化物質であるビタミンCが多く含まれます。その含有量は、意外にも、「ビタミンCの女王様」であるレモンをしのぎ、「ビタミンCの王様」であるイチゴに匹敵します。

　ビタミンCの含有量は、１００グラム当たり、カキ・イチゴは70ミリグラム。「一日に摂取すればいい」といわれるビタミンCの量は１００〜１１０ミリグラムですから、カキなら1個で１５０〜２００グラムはありますから、１個食べたら、一日の必要量を満たすことになります。

カキの黄色は、抗酸化物質であるカロテンと「β（ベータ）-クリプトキサンチン」という物質によるものです。また、渋みの成分であるタンニンも抗酸化力をもち、糖尿病の予防効果が期待されています。

カキは、昔から、「二日酔いに効く」といわれます。「タンニンがアルコールの分解を促す」といわれたり、「カリウムが多いので、利尿効果があるから」といわれたりします。多く排尿することで、体内からアルコール分をなくし、二日酔いの解消にも効果があるのです。

カキの渋みを成分とする消臭剤が市販されており、加齢臭や足裏のにおいを消します。また、カキの渋みには、ニンニク料理を食べた後のにおいを消す作用もあるといわれます。

第3章
植物の〝香り〟の秘密

植物の生き方を支える香りの力

なぜ、花は香りを漂わせる?

多くの植物たちが、香りを漂わせます。近年、香りを分析する技術が向上し、植物の香りの正体や、香りが植物たちの生き方を支える役割など、植物たちの香りの秘密が明らかになりつつあります。また、植物たちの香りが、私たち人間の心やからだ、暮らしに及ぼす作用などが知られつつあります。

そのような香りの作用の中で、もっともわかりやすいのは、第2章で紹介したように、それぞれの植物たちの、虫を花に誘い込むための魅力となることです。そのために、植物たちは、自分の個性を磨き上げ、魅力を究極に高めているのです。その一つが、香りなのです。

一方、「虫を誘うための魅力を、そのようにたいそうに言わなくてもいいのに」

と思われることがあります。なぜなら、多くの種類の植物たちには、一つの花の中にオシベとメシベがあり、オシベはオスの生殖器であり、メシベはメスの生殖器であることはよく知られています。

ですから、一つの花の中で、自分のオシベの花粉を、自分のメシベにつけて、タネ（子ども）をつくれば、わざわざ、「虫を誘ってまで花粉を運んでもらう必要はない」と思われるのです。

でも、多くの植物たちは、自分の花粉を同じ花の中にある自分のメシベにつけて、子どもを残すことを望んでいません。そのようにして、子どもをつくると、自分と同じような性質の子どもばかりが生まれるからです。

もし自分が「ある病気に弱い」という性質をもっていたら、その性質はそのまま子どもに受け継がれます。自分の花粉を同じ花の中にある自分のメシベにつけて、子どもをつくり続けていると、一族郎党がその病気に弱くなり、もしその病気が流行れば、一族郎党が全滅するリスクがあります。

これについては、第２章の「花の色が変化することに、意味はある？」（→90ページ）で紹介しました。それだけでなく、自分の花粉を同じ花の中にある自分のメシべにつけて、子どもをつくると、隠されていた悪い性質が発現する可能性があります。たとえば、ふつうに花粉をつくる親であっても、「花粉をつくることができない」という性質を隠しもっていることがあります。

その場合には、親が自分の花粉を同じ花の中にある自分のメシベにつけて、子どもをつくると、子どもには「花粉をつくることができない」という性質が発現してくることがあります。そのため、自分の花粉を同じ花の中にある自分のメシベにつけて、子どもをつくると、子孫の繁栄につながらないことがあるのです。

ですから、**多くの植物たちは、自分の花粉を同じ花の中にある自分のメシベにつけて、子どもを誕生させることを望んでいないのです。**

子どもをつくる目的は、子どもや仲間の個体数を増やすためだけではありません。自分たちのいのちを、次の世代へ確実につないでいくために、いろいろな性質の子どもが生まれることが望まれます。

暑さに強い子ども、寒さに強い子ども、乾燥に強い子ども、日陰に強い子ども、病気に強い子どもなどです。いろいろな性質の子どもがいると、さまざまな環境の中で、どれかの子どもが生き残り、いのちをつなぐことができるのです。

いろいろな性質の子どもをつくるために、オスとメスに分かれた多くの植物たちは、自分のメシベに他の株に咲く花の花粉をつけようとします。一方で、自分の花粉は、他の株に咲く花のメシベにつくことを望んでいるのです。そのために、ハチやチョウを誘って、花粉を運んでもらわなければなりません。そこで、植物たちは、「色香で惑わす」ように、花の色と香りで虫を花に誘い込むのです。

香りは、植物たちの魅力の〝飛び道具〟

「三大フローラルノート」とよばれるものがあります。フローラルとは「花」、「ノート」は香りやにおいを意味します。「三大フローラルノート」とは、いい香りを漂わせる三つの植物の花の香りを指します。

一つ目は、「**ミュゲの香り**」といわれるものです。「ミュゲ」は、フランス語で、スズランのことです。ですから、「ミュゲの香り」は、スズランの花の香りです。スズランは、英語では、「リリー・オブ・ザ・バリー（谷間のユリ）」です。

二つ目は、「**神様からの贈り物**」といわれる香りです。神様の贈り物とは、ペルシャ語で「ヤースミーン」で、ジャスミンのことです。「ジャスミン」という名前は、ジャスミナム属（ソケイ属）の植物の総称名なので数百種類以上ありますが、私たちに親しまれている「ジャスミン」は、ハゴロモジャスミンです。

これは、中国が原産地のツル性の植物で、身近な住宅地のフェンスなどに絡ませて栽培されます。赤紫色のツボミから咲く花は、内側は白色ですが、外側は薄いピンクで、強い芳香を漂わせます。英語名は、花の外側の薄いピンク色にちなんで、「ピンク・ジャスミン」です。〝ジャスミンの香り〟といわれるのは、主に、「酢酸ベンジル」と「リナロール」という香りの成分です。

三つ目は、**バラの香り**です。この植物の原産地は、ヨーロッパや中国といわれますが、それらが交配されて、観賞用として品種改良が重ねられ、多くの園芸品種がつくられています。

西洋では、「花の王様」とされます。「母の日」に贈られる花はカーネーションであることは、ほぼ定着しています。それに対し、感謝と敬愛の気持ちをこめて、「父の日」に贈られるのは、あまり普及していませんが、バラの花とされます。

バラの花は、ゲラニオール、シトロネロール、リナロールなど、多くの成分からなる強い香りを漂わせることで知られてきました。ところが、近年、「バラの香りは強くない」といわれます。もしそうなら、その原因は品種改良です。

多くの場合、花の色や、その姿、大きさなどを目的にして品種改良は行われ、香りはなおざりにされることが多いのです。そのため、品種改良が進むと、香りが弱くなったり、消えてしまったりする場合があります。

その例として、よく知られているのは、シクラメンです。約40年前、歌手の布施明さんが歌った「シクラメンのかほり」という曲が大ヒットして、シクラメンの香りは有名になりました。ところが、そのころのシクラメンの花には、香りがなかったのです。この植物の原種の花には香りがあったのですが、香りにこだわらず、花の色や、咲く花の数、寒さに対しての強さなどの性質が重視されて、品種改良が重ねられるうちに、香りがなくなってしまいました。

この曲が大ヒットし、多くの人がこの植物の香りに興味をもったので、香りのあるシクラメンをつくる努力がなされました。そして、とうとう、花に香りのあるシクラメンがつくり出されたのです。そのため、現在、シクラメンには、香りのあるものがあります。

では、「この曲の『香り』は、何だったのか」という疑問が残ります。一説によると、「『香り』ではなく、『かほり』だった」といわれます。「かほり」とは、この曲をつくった小椋佳（おぐらけい）さんの奥さまの名前であったということです。真偽のほどは定かではありません。

「三大フローラルノート」に加えて、「四大フローラルノート」といわれることがあります。この場合、「三大フローラルノート」に、ライラックの花の香りが加わります。ライラックの花が漂わせる香りの主な成分は「ライラックアルデヒド」です。これは、私たちには「いい香り」なのですが、この香りは、私たちの血を吸う蚊が嫌うことがわっています。

蚊は人の血を吸うことがよく知られていますが、これは、産卵するメスの蚊に限られており、普段、蚊は花の蜜などを吸って、栄養をとっています。でも、「蚊はライラックアルデヒドを放つ花の蜜を吸わない」との実験結果が発表されています。

香りの魅力は、心地よいだけでなく、遠くまで漂う〝飛び道具〟となることです。たとえば、香りが遠くまで漂う「三大芳香花」といわれるものがあります。春の訪れを告げるジンチョウゲ、初夏のクチナシ、秋のキンモクセイです。

中国では、ジンチョウゲは「七里香（しちりこう）」といわれ、その香りは「七里飛ぶ」とされ、キンモクセイは「九里香（きゅうりこう）」とよばれ、その香りは、「九里漂う」とされます。日本の一里は約4キロメートルですが、中国の一里は、400〜500メートルです。日本では、クチナシの香りは、「旅路の果てまでついてくる」と歌われます。

現在は、水洗トイレが普及し、若い人にはなじみがないかもしれませんが、キンモクセイの香りは、「ひと昔前の汲み取り式のトイレの消臭剤」として使われました。あまりにこのイメージが強くなったので、近年は、この香りは、古い汲み取り式のトイレを思い出すので、トイレの消臭剤として敬遠されます。

“馥郁”と形容される香りとは？

「七里漂う」といわれるジンチョウゲの香りや、「九里漂う」といわれるキンモクセイの香りはすごいですが、もっと遠くまで漂うといわれる香りがあります。「十里漂う」といわれる香りです。

「一目百万、香り十里」と称される梅林があります。「ウメの木が100万本見渡せ、香りは10里（40キロメートル）も飛び漂う」という意味です。これは、ウメの果実の最高級品といわれる「南高梅」の産地、和歌山県日高郡みなべ町の梅林です。「一目百万」といわれますが、ほんとうは約8万本のウメの木と発表されていますから、少し大げさな表現です。「香り10里」も飛びすぎですが、香りは風に乗れば、「10里ほど飛ぶ」こともあるかもしれないということでしょう。

　漂う距離だけでなく、香りの質で、ウメの香りはひと味違うものになっています。かぐわしく豊かな香りを形容する言葉に〝馥郁〟という語句があります。これは、質の高い香りにしか似合わないものです。

　この言葉がもっともふさわしく使われるのが、ウメの花の香りです。「ウメは、馥郁とした香りを漂わせる」のように使われます。ウメの花の「甘い香り」と表現されるのは、「γ-デカラクトン」です。

　この香りが若い女性に特有のものであることが、発表されています。実験では、10〜50代の女性50名が24時間着ていた服（布）から「におい」が抽出されました。すると、10〜20代の女性には存在し、35歳以上の女性には、存在しない「甘い香り」が見つかったのです。その香りの正体は、γ-デカラクトンでした。

次に、女性52人にこの香りを嗅いでもらうと、これが「女性らしい」「若々しい」といった印象を与えることがわかったのです。今後、「女性らしさ」を強調するための石鹸やシャンプーに、この香りが含まれると思われます。

私たちに敬遠されがちな嫌な香りを放つ花

多くの花の香りは、私たちに心地よいものです。でも、花の香りは、虫に魅力的なものであればよいのであって、私たち人間にとって、心地よく魅力的なものとは限りません。そのため、私たちには、敬遠されがちな嫌な香りや、不快に感じられる香りを放つ花があります。

このような香りを放つ代表は、ショクダイオオコンニャク（燭台オオコンニャク）という植物です。原産地にちなんで、スマトラオオコンニャクといわれます。この花の高さは約3メートル、直径は約1メートル以上になる、世界で一番大きな花といわれます。花は二日間だけ開花し、その間に花の温度が上がって、強い香りを放ちます。

この花の香りは、魚や肉が腐ったときのようににおうのです。この花から香りが採取され、その成分が分析されました。その結果、「腐った肉のにおい」の正体がわかり、実際に腐った肉が放つのと同じ「ジメチルトリスルフィド」という香りの物質でした。

「長い間履いた靴下のにおい」が混じった香りとも形容されました。「イソ吉草酸」という物質も含まれていたのです。イソ吉草酸というのは、臭い足の裏や、長いこと履いた靴下のにおい、また、納豆のにおい、汗のにおい、加齢臭などとたとえられる香りです。

これらは、ハエや、死んだ動物のからだに集まってくるシデムシの大好きな香りです。ただ、ハエやシデムシは、香りが好きなのではなく、腐った肉が好きなのです。そのため、この花に寄ってきても、この花には腐った肉はないので、だまされていることになります。

この植物は、**多くの植物たちと同じような香りで虫を誘うのを競うよりは、自分だけの個性的な奇抜な香りで、花粉を運ぶ虫を誘うのです。**他の植物たちとの虫を誘う競争を避けているのです。

香りは「サイレント・ランゲージ」

香りは、植物たちのコミュニケーションや情報の伝達に役立ちます。香りは、植物たちの言語でもあるのです。そのため、「サイレント・ランゲージ（静かなる言語）」といわれることがあります。

植物たちが、この言語を、自分のからだを守ったり、仲間を守ったりするために使っていることがいくつかわかってきています。たとえば、野菜のキャベツです。

キャベツは、ヨーロッパ原産で、日本には江戸時代の末期に伝えられ、明治時代には、栽培が行われていました。価格が安く栄養が豊かなので、この野菜は、ヨーロッパでは「貧者の医者」とか「貧乏人の医者」といわれます。

キャベツが栽培される畑には、モンシロチョウが飛びまわり、この野菜に卵を産みつけることがよく知られています。卵からかえった幼虫の「アオムシ」は、この野菜を食べながら成長します。**キャベツは、食べられることに、まったく無抵抗なわけではありません。**かじられたキャベツは、アオムシに食べられた傷口から、アオムシコマユバチという虫が大好きな香りを発散させます。

その香りにひきつけられてやってくるアオムシコマユバチは、アオムシのからだに自分の卵を産みつけます。タマゴから生まれた幼虫は、アオムシのからだの栄養を使って育ち、しばらくしたら、幼虫がアオムシのからだから出てきます。アオムシは確実に死んでいます。

ということは、キャベツは、アオムシにかじられたら、「助けてくれ」というサイレント・ランゲージで、アオムシコマユバチを呼び寄せて、自分のからだを守っているのです。

ダニの一種に、ナミハダニというのがいます。これは、葉っぱを食べる害虫です。バラやガーベラ、リママメなどは、葉っぱを食べられた傷口から、特有の香りを発散させます。人間が葉っぱを傷つけたときには、その香りは出ません。ナミハダニが葉っぱを食べたときにだけ出てくる香りなのです。

この香りには、チリカブリダニというダニを引き寄せる作用があります。この香りに誘われて駆けつけてくるチリカブリダニは、葉っぱを食べるダニではありません。ナミハダニを餌にする、ナミハダニの天敵なのです。それゆえ、ナミハダニに襲われた植物たちは、チリカブリダニに助けられることになります。

つまり、バラやガーベラ、リママメなどは、ナミハダニに襲われると、助けを求めるために、香りを発散するのです。その香りで、ボディガードの役目をするチリカブリダニが駆けつけるのです。その香りの成分は、「β(ベータ)-オシメン」や「ジメチルノナトリエン」であることがわかっています。

ハスモンヨトウというガの幼虫に襲われたトマトは、香りで、仲間に危険が迫っていることを知らせます。この幼虫がトマトの葉っぱを食べると、トマトは、食べられた葉っぱの傷口から、ある香りを発散させます。その香りは、成分がきちんと調べられていて、「ヘキセノール」という物質の一種とわかっています。

これで、**まわりの仲間に、自分が虫にかじられているから「気をつけろ！」という合図を送るのです。**その香りは、まわりに育つトマトの株の葉っぱに吸収されます。その香りを嗅いだ株は、その香りを吸収して葉っぱに蓄え、その成分を材料にして、ハスモンヨトウの幼虫が成長しないような物質をつくるのです。ハスモンヨトウの幼虫は、成長を抑制する物質を含んでいるトマトの葉っぱを食べません。

結局、トマトは、そばに育つ株がかじられたことを香りで知って、自分の身を守るのです。虫にかじられたトマトは、香りを出すことによって仲間を守っているのです。こうして、仲間同士で身を守り合っているのです。トマトだけではなく、イネやキュウリやナスも同じしくみをもっていると考えられています。

香りで、まわりの植物を助ける

ペパーミントは、ヨーロッパ大陸が原産地のハーブで、日本には、明治時代に渡来したとされ、「セイヨウハッカ（西洋薄荷）」といわれます。花は8月〜10月に咲きます。

最近、この植物の強い香りの働きについての新しい知見が、メディアで取り上げられました。その香りには、害虫に葉っぱを食べられるのを防ぐ効果があることはすでに知られていたのですが、コマツナといっしょに栽培されると、虫によるコマツナの被害を少なくする効果があることが示されたのです。

温室の中で、ペパーミントとコマツナを混植して栽培すると、虫によってコマツナが食べられるという食害が減りました。ペパーミントの近くで栽培されたコマツナは、離れて栽培された場合よりも、虫による食害は少なくなりました。

また、室内で、コマツナとペパーミントとを混植して育てておき、そのあと、ペパーミントと離して栽培された場合でも、コマツナには、室内で吸ったペパーミントの香りの効果がありました。近くでペパーミントの香りを吸っていたコマツナほど、食害は少なかったのです。

キャンディミントでも、同様の実験がされました。野外で、キャンディミントを栽培し、そのそばにダイズを育てました。その結果、キャンディミントの近くでダイズを育てたほうが、離れて育てた場合よりも、虫に食べられる被害が少なくなりました。

また、室内で、キャンディミントとダイズを混植して育てておき、そのあと、キャンディミントと離して栽培された場合にも、室内で吸ったキャンディミントの香りの効果で、ダイズが虫に食べられる被害が減ったのです。室内で、キャンディミントの近くで育っていたダイズほど、被害を受ける割合は低くなりました。

これらの結果は、ペパーミントやキャンディミントの香りには、ダイズやコマツナといっしょに栽培されると、虫による食害を少なくする効果があることを示しています。

ある種類の植物を近くで栽培することにより、その植物の病害虫の働きを抑えたり、成長を促進したりする効果をもたらす植物は、「**コンパニオン・プラント（植物）**」とよばれます。ですから、ペパーミントやキャンディミントは、ダイズやコマツナを栽培するときのコンパニオン植物に利用できることになります。

暮らしに生きる香り

〝フィトンチッド〟とは？

１９３０年、旧ソ連のレニングラード大学のトーキン博士が、「**植物は、からだから、カビや細菌を殺す物質を出し、自分のからだを守っている**」との考えを提唱しました。その物質は、「フィトンチッド」とよばれます。「フィトン」は「植物」、「チッド」は「殺すもの」という意味です。

防虫剤として知られるクスノキの香り「ショウノウ」や、桜餅の葉っぱから出る甘い香り「クマリン」などがその例です。クマリンは、私たちにはおいしそうな香りですが、虫には嫌がられる香りなのです。

クスノキの植物の原産地は、日本、中国、台湾などです。クスノキは、日本各地の神社では、〝御神木〟となっているものが多くあります。宮崎駿(みやざきはやお)監督作品の「となりのトトロ」では、トトロがねぐらにしている大木はクスノキです。

クスノキの葉っぱに含まれる強い香りの成分は、「ショウノウ（樟脳）」であり、英語では「カンファー」とよばれます。この名前は、クスノキの英語名である「カンファー・ツリー」にちなみます。

「樟脳」は、葉っぱが虫に食べられて傷がついたときに「虫を撃退する」ために出るものです。葉っぱをクチャクチャと揉むと香ってきます。揉まれて傷がつくのは、葉っぱにとっては、虫にかじられて傷がついたことを意味します。そのため、この香りは、着物や洋服などの防虫剤として使われます。樟脳は、商品名にもなっています。

サクラの原産地は、ヒマラヤから中国の南西部にかけての地域とされます。日本には、かなり古くに渡来しています。「サクラ」という名前の語源には、いろいろな説があります。真偽は定かではありませんが、わかりやすいのは、「咲く」に、接尾語の「ら」がついたとする説です。

春を象徴する和菓子の一つは、「桜餅」です。桜餅の葉っぱからは、おいしそうな甘い香りが漂います。桜餅に「サクラの葉っぱ」を使う理由は、餅の乾燥を防ぐ意味もありますが、やっぱり大切なのは、葉っぱから出る香りを味とともに楽しむためです。

しかし、サクラの木に茂っている緑の葉っぱを切り取って香りを嗅いでも、桜餅の葉っぱの香りはしません。桜餅に使われるのは、主にオオシマザクラの葉っぱです。このサクラの葉っぱは、大きくてやわらかく、そして、強い香りを出すからです。

ところが、オオシマザクラの葉っぱでも、木に茂っている緑の葉っぱはあの香りを出しません。葉っぱを塩漬けにしておくと、あの香りが出てくるのです。あの香りは、オオシマザクラでなくても、どんなサクラの葉っぱからも出ます。

ソメイヨシノの葉っぱからも、塩漬けにすれば、あの香りは出るのです。でも、ソメイヨシノの葉っぱは硬いので、桜餅にして葉っぱを食べるとき、おいしくないので使われません。

桜餅のおいしそうな香りの成分は、「クマリン」という物質です。クマリンができる前の物質が、緑の葉っぱには含まれます。でも、その物質には、香りはありません。葉っぱには、もう一つの物質が含まれます。それには、クマリンができる前の物質をクマリンに変える働きがあります。

しかし、**緑の葉っぱの中では、二つの物質は接触しないようになっています。そのため、クマリンの香りは発生しません。塩漬けにして葉っぱが死ぬと、これらの二つの物質が出合って反応します。**

その結果、クマリンができて、香りが漂ってくるのです。葉っぱを塩漬けにしなくても、手でよく揉んでモミクチャにしておくと、クマリンのかすかな香りが漂いはじめます。葉っぱが傷ついて、二つの物質が接触することになるからです。

葉っぱが傷つくと、二つの物質が接触して、クマリンの香りが漂うのは、葉っぱが虫に食べられることへの防御反応です。葉っぱを食べようと傷をつけた虫には、クマリンの香りは嫌な香りなのです。

だから、あの香りはかじられた葉っぱから出ますが、虫にかじられていない葉っぱからは漂う必要がないのです。この香りには、菌の増殖を防ぐ効果（抗菌作用）もあり、虫にかじられた傷口からの菌の侵入を防ぐと考えられます。

「桜餅の葉っぱは食べてもいいのか」との疑問がもたれることがあります。個人差があるでしょうが、ふつうには、「食べようと思えば、1、2枚であれば、食べても問題ない」といわれます。少し塩辛い味がありますが、桜餅の甘みと混ざり、おいしく感じられます。

ただ、大量にクマリンを摂取すると、肝臓に対する毒性があります。そのため、クマリンは食品添加物としては認められていません。逆に、クマリンの毒性効果を利用して「薬」がつくられています。

たとえば、「脳梗塞」「エコノミークラス症候群」や「心筋梗塞」など血液が固まることで引き起こされる病気に対して「クマリンの誘導体」が薬として使われています。「ワーファリン」あるいは「ワルファリン」という名前で知られています。

これは、血液がかたまることを防ぎ、血液をサラサラにする薬です。心房細動などが原因の不整脈の人が、血液が瞬間的に固まって、血栓ができるのを防ぐために服用するものです。血栓ができると、脳梗塞などの原因になるからです。

ヒノキの抗菌、防虫効果

ヒノキは、日本では、主に関東より以西に広く分布し、古くから最高の木材として使われてきました。奈良時代に完成した日本最古の歴史書『日本書紀』には「スギとクスノキは舟に、ヒノキは宮殿に、マキは棺に使いなさい」と記述されています。

実際に、ヒノキは、世界最古の木造建築とされる法隆寺や、東大寺の正倉院などに使われています。これらは、高温多湿な日本の気候のなかで、建立後１０００年以上を経て、虫に食べられず、材が腐ることもなく、健全な姿を維持しています。

これは、ヒノキに含まれる二つの成分のおかげといわれています。一つは、「α-カジノール」という成分で、これが防虫効果をもつのです。もう一つは、「ヒノキチオール」で、これは抗菌効果をもちます。

ヒノキチオールは、名前からすると、ヒノキに多く含まれているようですが、日本のヒノキにはごく微量しか含まれていません。ヒノキチオールは、台湾ヒノキや青森ヒバに多く含まれ、１９３６年に、日本人によって発見された香りです。

ヒノキチオールには、虫歯や歯周病の原因になる菌に対する抗菌作用が見つけられています。また、ヒノキチオールは、肺結核を引き起こす結核菌に対する抗菌作用をもち、食中毒の原因となる大腸菌やブドウ状球菌、また腸チフス菌、破傷風などに対しても、殺菌効果を示すことが報告されています。

２０１９年には、ヒノキチオールが、肺炎球菌に対して抗菌作用をもつことが発表されました。ヒノキチオールは、インフルエンザウイルスに対しても抗ウイルス効果を示すことから、インフルエンザの院内感染を防ぐためのスプレーとして実際に使われています。

今後、ヒノキチオールの抗ウイルス作用は、新型コロナウイルスにも期待されていますが、まだ、その効果は見出されていません。

森林浴で、浴びるのは？

「海水浴」や「日光浴」と並んで、「森林浴」というのがあります。近年、これは、日本だけでなく、世界でも人気で、「シンリンヨク（shinrin-yoku）」という語は、英語でも通じるようになっています。森林浴には、「緊張がほぐれて、リラックスした気持ちになれる」「ストレスが解消される」「私たちの身も心もリフレッシュする」などの効果がいわれます。

森の中では、緑や静けさ、湿り気やきれいな空気などを浴びます。でも、森林浴の効果をもたらすのは、主に、樹々の葉っぱや枝や幹が出す、ほのかな香りと考えられます。この香りが、「フィトンチッド」です。

「樹々が出すほのかな香りに、そのような効果がほんとうにあるのか」との疑問をもたれることがあります。それに対しては、近年、森林浴の効果は、「身も心もリフレッシュする」という抽象的な表現ではなく、具体的に、科学的なデータで裏づけられていています。

ここでは、「森の香り」や「森林の香り」とよばれ、森林浴の主役となっている、「ピネン」という香りの効果を取り上げ、具体的に納得できる形で、近年の森林浴の三つの効果が示されているので紹介します。

ピネンという香りの名前は、マツの英語名「パイン（pine）」に由来して生まれており、マツの香りの主な成分なのです。この香りは、マツ以外にも、スギ、ヒノキ、クロモジなどに多く含まれています。

一つ目は、**私たちの心拍数を減らすことです**。22歳くらいの若い人を対象に、1分間当たりの心拍数が調べられました。すると、ピネンを含まない空気を90秒間嗅いだときには、心拍数は平均約74〜75回でしたが、ピネンを含んだ空気を90秒間嗅いだ場合には、平均72〜73回と低下しました。

わずかな違いですが、ピネンの香りを嗅ぐことによって、心拍数が減り、リラックスしていることが示されたのです。

二つ目は、**眠りに入るまでの時間を短縮することです。**20代の男子大学生を対象として、ピネンの香りを嗅いだあと、眠りに入るまでの時間が調べられました。何の香りも嗅がない人と、安眠、鎮静やリラックス効果があるといわれているラベンダーの香りを嗅ぐ人と比較されました。

ラベンダーの香りを嗅いだ人は、何の香りも嗅がない人に比べて、眠りに入るまでの時間が短くなりました。でも、ピネンの香りを嗅いだ人は、ラベンダーの香りを嗅いだ人より、早くに眠ることができました。すなわち、入眠時間が短くなったのです。

つまり、ピネンは、ラベンダーの香りよりも、眠りにつかせる効果が強いことになり、リラックスをもたらす効果が優れていることが示されたのです。

三つ目は、**「コルチゾール」という物質の量を減らすことです。**これは、「ストレスホルモン」とよばれ、私たちがストレスを感じると、唾液の中に増えてくるものです。

20代の男子学生12人を二つのグループに分け、一方のグループには、一人ずつ別々に、森林の中を約15分間、別のグループには、一人ずつ、都会の雑踏の中を約15分間、歩いてもらいました。

その結果、森林を歩いた人では、都会の雑踏の中を歩いた人に比べて、唾液中のコルチゾールの濃度が15・8パーセント低くなったのです。コルチゾールの濃度が低下したのは、森林浴がストレスを緩和したといえます。

この結果を確認するために、日本全国の35か所で、延べ人数420人が対象として、同じような形式で行われました。その結果、この傾向は確認されました。

以上の三つの効果で、樹々から出される香りは、ほのかなものであっても、その働きは、ほのかなものではないことが納得できます。

ただ、香りの効果は、その強さや、嗅ぐ人により、大きく異なることがあることは知っておかなければなりません。

心やからだに及ぼす香りの作用

味覚に及ぼす〝香りの力〟

植物たちの香りは、私たち人間の味覚に影響します。和食には、古くから、お吸い物の名脇役として、日本原産の植物であるミツバが使われます。その香り成分の「クリプトテーネン」は、食欲をそそります。

香りが味覚に影響することを顕著に示す例は、ピーマンで知られています。ピーマンには独特な苦みがあり、とくに子どもたちには嫌われます。でも、その苦みの成分は不明でした。

ある種苗会社によって、苦みのないピーマンの品種がつくり出されました。そこで、苦みをなくした新しいピーマンと苦みのある従来のピーマンとで、どの成分に違いがあるのかが、調べられました。

すると、苦みをなくしたピーマンにはほとんど存在せず、苦みのあるピーマンには多く含まれている「クエルシトリン」という物質が浮かび上がりました。この物質は、「血管を強くし、血圧の上昇を防ぐ効果をもつ」といわれます。

ところが、この物質を味わうと、渋みはあるのですが、苦みはありませんでした。そこで、苦みの正体がさらに追求されました。その結果、クエルシトリンがピーマンの香りといっしょになったときに、「苦い」と感じられることがわかりました。

香りは、苦みのあるピーマンにも苦みのないピーマンにもあります。しかし、クエルシトリンは苦みのないピーマンには含まれていないので、苦みが感じられないということになります。

香りの成分は、「ピラジン」という物質です。この物質の香りを感じなければ、苦みのあるピーマンを食べても苦くないということになります。昔から、「鼻をつまんで香りを感じないようにして、ピーマンを食べると、苦みを感じない」といわれてきました。この言い伝えに、科学的な根拠が得られたのです。

味覚に及ぼす香りの力は、私たちも何気なく感じています。たとえば、風邪などで鼻が詰まったときに食べる料理には、おいしい味があまり感じられないということが起こります。これは、体調がよくないから、食べ物をおいしく感じないという理由もあるかもしれませんが、**香りを鼻から感じなければ、おいしく感じられない味があるのです。**

鼻をつまむと、鼻から直接に入る香りが感じられなくなるといえます。ですから、「鼻をつまんでリンゴを食べると、リンゴの味を感じられない」といわれます。また、「リンゴジュースとオレンジジュースは、鼻をつまんで飲むと、どちらかを識別できない人が多い」ともいわれます。

新型コロナウイルス感染症の後遺症の一つに、「味が感じられない」という症状があります。当初、これは味覚障害が原因と考えられました。しかし、調べられると、「その約7割の人は、味覚は正常であり、嗅覚障害であった」という研究結果が発表されています。

これらは、香りが味覚に影響することを示唆するものです。

ダイエット効果のある香り

「植物の香りを嗅ぐだけで、痩せられる」といわれる、二つの香りを紹介します。これらを生活の中にうまく取り入れると、運動をして汗をかかなくても、辛いカロリー制限をしなくても、ひょっとしたら、ダイエットに成功するかもしれません。

グレープフルーツの学名は、「シトラス　パラディィシ」で、「パラディィシ」は「パラダイス（楽園、天国の意味）」ですから、さわやかな香りは、パラディィシとの連想つながりから「天国の香り」と形容されます。

２００５年に、大阪大学の研究グループが、グレープフルーツの香りを嗅がせるラットと、香りを嗅がせないラットと、２つのグループに分けて実験を行いました。その結果、**「グレープフルーツの香りを嗅ぐだけで、ダイエットの効果がある」**と発表しています。

この結果は、グレープフルーツのさわやかな香りに含まれる「リモネン」の効果と考えられます。近年、リモネンは、「運動しなくても、痩せるための細胞」とよばれる褐色脂肪細胞を活性化することがわかってきているからです。

褐色脂肪細胞とは、からだの中にある、運動をしなくても脂肪を燃やして熱を発生させる作用をもつものです。この細胞が活発にはたらくと、脂肪を燃焼させるだけでなく、エネルギーが発生するので、空腹感は生まれてこないのです。

グレープフルーツには、リモネンとは別に、「ヌートカトン」という物質による香りがあります。この香りも、脂肪の燃焼を促進するといわれているので、この実験結果に貢献した可能性はあります。

「キンモクセイの香りには、ダイエット効果がある」といわれます。この研究では、25日間、キンモクセイの香りを染み込ませた餌を食べたラットの体重が、香りを染み込ませない餌を食べたラットに比べて、約1割少なくなりました。

また、香りを染み込ませた紙をラットのケージ（飼育箱）の下に30分間置くと、「オレキシン」という物質をつくる能力が低下し、食事や飲む水の量が減りました。

オレキシンというのは、ギリシャ語で食欲を意味する「オレキス」に由来して名づけられた、食欲を高める物質です。つまり、キンモクセイの香りを嗅ぐと、オレキシンの量が減り、食欲が低下して、体重の増加が抑えられるのです。

この香りの効果を確かめるために、嗅覚を消失させる「硫酸亜鉛」という液体をラットの鼻に入れ、実験が行われました。その結果、嗅覚がなくなったラットでは、キンモクセイの香りを嗅がせても、食欲の抑制はありませんでした。

キンモクセイの香りの効果は、私たち人間でも確認されています。20〜40代の女性10人のうち、5人が、12日間、キンモクセイの香りを染み込ませたガーゼを胸ポケットに入れました。胸ポケットに入れる理由は、香りがすぐ上に位置する鼻から吸い込まれる可能性が高いからです。

これらの女性は、キンモクセイの香りを染み込ませたガーゼを胸ポケットに入れなかった女性5人に比べ、満腹感が生まれ、体重や体脂肪が減る傾向にあったと報告されています。

具体的には、キンモクセイの香りを嗅がなかった5人は、平均体重が0・2キログラムしか減少しませんでした。それに対し、香りを嗅いだ5人は、平均体重が1・4キログラム減りました。

このような効果をもたらすキンモクセイの花の香りの主な成分は、「γ（ガンマ）-デカラクトン」と「リナロール」といわれます。

昔の記憶を呼び起こす〝プルースト効果〟

香りが引き金になって、人間の記憶を呼び起こす、〝プルースト効果〟とよばれる現象があります。ある香りを嗅ぐと、昔の記憶がよみがえるというものです。

マルセル・プルーストの作品「失われた時を求めて」の中で、主人公が、マドレーヌを紅茶に浸したときの香りで、幼年時代の記憶があざやかによみがえるという描写があり、それにちなむ言葉です。

たとえば、キンモクセイの花の香りで、昔の汲み取り式のトイレを思い出すというようなものです。ひと昔前には、キンモクセイの香りは、汲み取り式のトイレの消臭剤として使われていたからです。

このプルースト効果のしくみは、明らかにされています。鼻に入った香りは、鼻の奥にある「香りセンサー（受容体）」に感じられ、それらは「嗅球（きゅうきゅう）」で仕分けられて、脳に伝えられます。脳の中で記憶を司る部分があり、刺激がその部分に伝えられると、記憶がよみがえるのです。

このように、香りは、脳の中で分泌される物質に影響を与えることで、私たち人間の感情や行動にも作用します。

たとえば、「タイムというハーブの香りは、ローマ兵の戦意を高めるのに用いられた」といわれます。これは、「アドレナリンという脳内物質の分泌を促す」からと考えられます。

アドレナリンは、「戦闘物質」、あるいは、「戦闘・逃避物質」といわれます。「戦う」と「逃げる」では、意味が違うではないかと思われます。しかし、命を守るという緊張状態をもたらすということでは、まったく同じなのです。そのような局面では、食欲が減退し、便意は抑制されます。アドレナリンは、このような作用をもたらすのです。

逆に、スズランの主な香り成分である「リナロール」は、アドレナリンの分泌を抑制します。そのため、この香りを嗅ぐと、緊張状態が解け、スムーズな排便が期待されます。

ラベンダーの香りは、リラックス感をもたらし、〝母なる眠り〟を誘うといわれます。「酢酸リナリル」という香り成分が、〝幸せ物質〟とよばれる「セロトニン」という物質の分泌を促すからです。

ドーパミンは、〝やる気〟を起こさせる物質といわれます。これが不足すると、やる気が喪失し、パーキンソン病などの症状になります。そのため、この病気の治療や予防に、カシワの葉っぱが放出する「オイゲノール」という、ドーパミンの分泌を促す香りの利用が考えられます。

〝ただもの〟ではない香りの世界は広がっていく

紹介してきたように、植物たちの香りの世界は、植物での働きや人間への作用が明らかになるにつれて、今後、ますます広がっていくことと思われます。植物たちが放つ香りは、〝ただもの〟ではないという正体を見せてくるでしょう。

といっても、私たちが香りを利用する際には、注意しなければならないことがあります。ある場所で香りを漂わせると、香りは環境要因として誰もが逃れられないものになります。

たとえば、カジノ会場などで、柑橘類の香りを漂わせると、売り上げが増加するといわれています。逃れることのできないほのかな香りが、射幸心をあおるのに利用されることには、気をつけなければなりません。

　また、香りの濃度が薄い場合にはよい作用を及ぼすはずのものが、強くなると刺激臭となることもあります。たとえば、マツに含まれるピネンという香りは、リラックス効果をもたらし、眠りまでの時間を短縮することなどが知られています。一方、この香りは刺激が強いといわれるミョウガの香りの主成分です。この香りの効果の違いは、濃度の違いによるものです。

　さらに、香りの感じ方は、個人差が非常に強いものであることなどにも配慮されなければなりません。たとえば、たばこの煙の香りを「至福の香り」と表現する人がいる一方で、受動喫煙さえ嫌がる人も多くいます。

第4章 植物の〝味〟の秘密

子孫を残すための味

色香で惑わし、〝蜜の味〟でもてなす

植物の葉っぱや花、果実には、〝色〟があり、〝香り〟があり、〝味〟があります。〝色〟や〝香り〟については、第2章、第3章で紹介してきました。〝味〟もまた植物の魅力であり、その役割があります。

植物のもつ味の一つとして、花に秘められた蜜の味が思い浮かびます。裸子植物は、ソテツなどの例外を除いて、花粉の移動を風に託します。裸子植物から進化した被子植物は、花粉の移動を、風に代わってハチやチョウなどに託したので、花粉が受粉する効率は上がりました。

そのため、被子植物は、つくらなければならない花粉の量を大幅に減らすことができました。花粉を多くつくるのに代わって、花の色や香りをつくり出すのに力を

注ぎ、蜜を準備するようになりました。

「花ごとに蜜の味は違うのか」という疑問がもたれます。花の色や香りは、植物の種類ごとに違います。花の色の違いは、見ればすぐにわかります。香りの違いも嗅げばわかります。だから、花の色や香りは植物の種類ごとに違うことは、容易に納得されます。それぞれの植物が工夫を凝らしているのです。

同じように、花の蜜の味も植物ごとに違うのですが、私たちが花の蜜の味を植物の種類ごとに味わうのはむずかしいです。ですから、蜜の味が植物ごとに違うことは納得されにくいのです。私も多くの植物の花々の蜜を舐めて回ったわけではないので、「蜜の味は植物ごとに違う」と言い切る自信はありません。

しかし、「花ごとに蜜の味は違う」と考えられる根拠はあります。ハチミツは、レンゲソウ、アカシア、シャクナゲ、アザミ、クローバー、ナノハナ、オレンジ、ミカン、ソバ、モチ、ハゼ、クリなどと明記されて市販されています。そして、そのそれぞれに特徴があることです。

たとえば、「ハチミツの王様」といわれるレンゲソウのハチミツは、私たち人間には、人気があります。ただ、ハチやチョウなどにも、「ハチミツの王様」といわれるほど、「おいしい」と思われているかどうかはわかりません。

ソバのハチミツは、目立って黒っぽい色をしています。「味も色も、黒砂糖に似ている」といわれます。甘さの違いは、含まれる糖分の量や種類によるものでしょうが、黒い色をしているのは、鉄分が多く含まれているためです。花の蜜に含まれる鉄などのミネラルの量も、植物ごとに異なるようです。

ハチミツの味は、花の蜜の味がそのままではありません。花の蜜は、ハチの巣の中に貯蔵されて変化し、糖の濃度や種類が変化しています。それでも、**植物の種類ごとにハチミツの特徴が異なるのは、もともとの蜜の味が植物の種類ごとに違うことを反映しています。**

「レンゲソウやソバのハチミツといわれるが、これは本当に一つの種類の花から集められたものか」との疑問がもたれます。1種類の花の蜜を集めるのは、ミツバチの性質を知り尽くした養蜂業者の努力によります。

まず、糖度の高い花を選び、その花が多く咲いている場所を見つけます。そして、ミツバチは近くの花に寄るという性質があるので、巣箱をその花々が咲いている近くに置くのです。ミツバチは、糖度の高い花から蜜をとってくると、それがある場所を仲間に知らせるための「8の字ダンス」というのをすることが知られています。

そのため、完全に1種類の花から集められたものかどうかは定かではありませんが、ほぼ1種類の花から集められていると考えられます。

蜜のある部分へ誘導するしくみ

虫たちは、花が咲く花壇で、多くの花々に色と香りで「こっちへ寄ってきて」と誘われています。色香に惑わされて、誘い込まれると、おいしいごちそうを食べることができます。それが蜜の味なのです。

一方、**植物たちは、花によって来てくれる虫たちに蜜を与えるというもてなしを無駄にしないように努めています。**花には「蜜標（みつひょう）」という模様をもつものがあります。英語では、「ガイドマーク（案内のための指標）」といわれるように、虫を蜜のある場所へ導く案内板です。これが「蜜のある場所はこちらですよ」と虫に教えているのです。

たとえば、ツツジやゼラニウムなどの花びらの一部分に、斑点のような模様があります。その模様を追っていくと蜜があります。模様で虫に蜜のありかを教えているのです。もちろん、ただ蜜をあげるためだけではありません。

ハチやチョウなどが、この模様にそって蜜にたどりつけば、虫のからだには多くの花粉がつくように、しくまれているはずです。植物たちは、虫がその案内板に沿って蜜までたどり着いてくれたら、多くの花粉をつけられ、他の花からもらった花粉がメシベにつくようになっているはずです。

花びらには、紫外線で浮かび上がる蜜標もあるはずです。太陽の光には、私たちに見ることのできる可視光とよばれる青色光、緑色光、赤色光など以外に、紫外線が含まれています。「Ultra Violet（紫外線）」のイニシャルから「ＵＶ」と略される光です。紫外線は、私たち人間には見えません。

ところが、第2章の「なぜ、花はきれいな色に見える？」（→87ページ）で紹介したように、ハチやチョウなどは紫外線を見ることができます。「どんな色に見えているのだろうか」という興味がわきます。でも、紫外線を見ることのできない私たちには、想像ができません。

しかし、私たち人間が見た場合とハチやチョウが見た場合とは、同じ花でも色や模様が違うはずです。たとえば、ナノハナの花は、私たちには黄色1色のように見えます。でも、紫外線を感じるカメラで写真を撮ると、花の中央は黒く写ります。

ナノハナだけでなく、私たちには1色に見えるいろいろな花を、紫外線を感じるカメラで撮影すると、多くの花で黒い部分と黒くない部分があります。

「紫外線」と一口でいうと1色のような印象ですが、ハチやチョウなどには1色ではないかもしれません。紫外線を見ることができない私たちでさえ、その波長や働きなどの性質の違いにより、紫外線を、A、B、Cの3種類に分けています。ですから、ハチやチョウなどには、紫外線で描かれる何かの模様が見えているかもしれません。

果実の味

植物の味といえば、タネを散布するための果実の味が思い浮かびます。果実の味の特徴は、成熟する前と後とでは、大きく異なります、なぜなら、成熟前には、タネが動物に食べられてはいけないのに対し、成熟した後は、タネを散布してもらうために、動物に食べてもらわねばならないからです。

果実が成熟するまでは、タネはでき上がっていないので食べられては、植物たちは困ります。そのため、**植物たちは、果実を、苦い味、酸っぱい味、渋い味などで食べられにくくし、もっとひどい場合には、有毒な物質を果肉やタネに含んで、タネを守っています。**

タネができ上がると、果実は成熟しておいしくなります。熟したおいしい果実では、糖が多く含まれて甘さが増します。甘さは、果糖やブドウ糖であり、成長するためのエネルギーを生み出すもとです。

また、果実は、成熟すると甘さが増すとともに、適度の酸っぱさが伴います。酸っぱさは、「クエン酸」や「リンゴ酸」などであり、代謝をスムーズにして、疲れをとるのに役に立ちます。

たとえば、レモンの酸っぱい味の成分は、クエン酸という物質です。クエン酸は、「私たち人間の疲労回復に効果がある」という物質です。からだの中でクエン酸を介して、多くのエネルギーが発生するからです。クエン酸は梅干しにも多く含まれ、梅干しが疲労を回復する効果は、この物質のおかげとされています。

果物の糖や酸みは、活動に必要なエネルギーを得るためのものです。ですから、私たち人間の場合には、朝に食べれば、脳やからだが活性化されます。そのため、「朝の果物は金」といわれます。英語でも「Fruit is gold in the morning.」といわれます。この理由は、主に、三つ考えられます。

一つ目は、**果物が含む糖からは、すばやくエネルギーが得られることです。**果物が含む糖類は、主に、果糖、ブドウ糖などで、エネルギーに変わりやすいものです。たとえば、私たちがおコメを食べてエネルギーを得るためには、おコメに含まれるデンプンを消化酵素である「アミラーゼ」などで、消化しなければなりません。そして、デンプンをブドウ糖に変えて、それをもとにエネルギーを生み出します。

ところが、果物には多くのブドウ糖が含まれているのですから、すばやくエネルギーを得ることができるのです。同じように、果糖からもまた、エネルギーをすばやく得ることができます。

二つ目は、**果物は、朝にふさわしいさわやかさを感じさせてくれる成分を含んで**

いることです。これは、果物にはクエン酸やリンゴ酸、酒石酸(しゅせきさん)などという「有機酸」と呼ばれる物質が含まれています。これらは果物の酸みを感じさせる物質で、朝に脳やからだを活性化してくれます。

三つ目は、食べ物が口に入ると、腸の活動が促され、便意をもよおします。**果物には、腸を刺激する作用の強い食物繊維が多く含まれています。**そのため、便意を促し、便秘を防ぎます。だから、一日のはじまりの朝に果物を食べると効果があります。

からだを守る味

植物のからだを守る〝酸み〟

多くの植物たちは、葉や茎、実やタネを、虫や鳥などの動物に食べられたくないときには、虫や鳥に嫌がられる「味」で守っています。「おいしくない」と思われたいのです。さらに、「とんでもない味なので、食べるのをやめよう」と思われたいのです。ですから、植物たちは、いろいろの味を工夫しています。

その代表が、「酸み」といわれる、酸っぱい成分です。植物がもつ酸っぱい成分は、多種多様です。「シュウ酸」や「クエン酸」、「リンゴ酸」などがあります。「酸み」とひと言でいっても、植物ごとにその成分は異なっているのです。

シュウ酸を身につけているのは、カタバミという雑草です。3枚の小さな葉が一セットになっていて、それぞれがかわいいハート形をしているのが、この植物の特徴です。植物学的には、この3枚の小さな葉の集まりが、1枚の葉っぱです。

春から秋まで、長い期間にわたって、葉のつけ根から伸び出した花茎（かけい）に、先端が五つにわかれた黄色の小さい花が咲きます。この花は、太陽の明るい光が当たっているときには、開いていますが、曇っているときには、閉じています。家の庭や花壇のまわり、公園や校庭など、どこにでも生えている雑草です。

この雑草を見かけたら、数枚の葉っぱを摘み取り、古くて光沢を失った十円玉に押しつけるようにこすりつけて、磨いてみてください。葉っぱには、多くの汁が含まれています。指が汚れて緑色の汁が手や衣服につくことが心配なら、汁が直接に手につかないように薄いビニールの袋を手袋の代わりにして、ビニール袋の内側に手を入れて、その外側で葉っぱを指でつまめばよいでしょう。

この植物の葉っぱで古い十円玉を磨けば、こすった部分がピカピカになるのがすぐにわかります。新鮮な葉っぱを追加して、古い十円玉の全体をくまなくこすれば、みるみるうちに、全体がピカピカの十円玉になります。

古い十円玉がピカピカになるのは、カタバミの葉っぱに含まれるシュウ酸という物質のためです。シュウ酸は、酸っぱい味がし、英名を「オキザリック・アシッド」といいます。この名前はカタバミの属名「オキザリス」にちなんでおり、ギリシャ語で、オキザリスは「酸っぱい」を意味します。「アシッド」は「酸」という意味ですから、「酸っぱい酸」ということになり、いかにも酸っぱそうな名前です。

カタバミの仲間に、ムラサキカタバミという植物があります。カタバミと同じカタバミ科に属します。この植物は、市街地の家の近くの路傍や石垣の間などに育っています。

初夏に花茎が葉より高くに伸び出し、先端部分に、雑草とは思えぬ先端が五弁にわかれたロート形の可憐な花が咲きます。数個の紅紫色の花をつけた花茎は、次々と伸び出してくるので、毎日、1株に多くの花が咲きます。

カタバミの葉っぱよりひとまわり大きいハート形の3枚の葉っぱが、この植物の特徴です。属名は「オキザリス」で、カタバミと同様に、葉っぱにシュウ酸を含んでいます。ですから、この葉っぱで、古くて光沢を失った十円玉を磨けば、やっぱりピカピカになります。

「カタバミやムラサキカタバミの葉っぱが、なぜ、このような性質をもつのだろう」と考えてください。これは、葉っぱが虫などに食べられることを防ぐためです。カタバミやムラサキカタバミは、シュウ酸を多く含み、葉っぱをおいしくないようにしています。その酸っぱさで、虫や鳥などの動物から、葉っぱを守っているのです。「カタバミの葉を好んで食べるのは、シジミチョウの幼虫だけだ」といわれます。

ほかにも、酸っぱさでからだを守っている植物があります。スイバという植物は、酸っぱい葉を意味する「酸い葉」と書かれるように、葉っぱに酸っぱいシュウ酸を含んでいます。スイバと同じタデ科のギシギシの葉にも、シュウ酸が含まれています。

スダチやミカンなどの柑橘類の果実の酸っぱさの正体も、同じ柑橘類であるレモンと同様に、「クエン酸」です。**完熟して実の中のタネが完全にできあがるまで、虫や鳥などの動物から、酸っぱさでからだを守っているのです。**

私たち人間の場合、シュウ酸を少し味わっても「酸っぱい」と感じるくらいです。また、レモンやスダチのクエン酸の酸っぱさは、食欲を誘ったり、料理の味を際立たせたりする効果があります。リンゴ酸の酸っぱさは、「少し酸みがある」と表現され、好意的な味に感じられています。

しかし、多くの虫や鳥などの動物にとっては、酸っぱいシュウ酸やクエン酸などの味は、かなり強い忌避効果があるのでしょう。ですから、植物たちは、虫や鳥などの動物から、酸っぱさでからだを守ることができるのです。

植物のからだを守る〝苦み〟の成分

〝苦み〟をもつ植物の代表の一つはゴーヤーであり、若い果実の味は「苦い」と表現されます。ゴーヤーは、「レイシ（茘枝）」とよばれたり、ツル性の植物なので、「ツルレイシ」といわれたりすることもあります。

ゴーヤーは、漢字では「苦瓜」と書かれ、「ニガウリ」とよばれます。「苦味をもったウリ」という意味です。ゴーヤーは、ウリ科の植物なのです。英語でも、「ビターメロン」で、「苦い（ビター）ウリ科の植物（メロン）」を意味しています。

私たちが食べているゴーヤーは成熟する前のものであり、苦みがあります。このゴーヤーの苦みがよく感じられるのは、「ゴーヤーチャンプルー」です。この料理は、今では全国的になりましたが、もともとは、ゴーヤーの産地である沖縄県の郷土料理です。

この苦みの成分は、「ククルビタシン」「モモルデシン」や、「チャランチン」というものです。「奇妙な名前の物質だ」と思われるかもしれませんが、それぞれ由緒正しいものです。ゴーヤーは、ウリ科（ククルビタシア）に属し、学名が「モモルディカ　チャランチア」なのです。

学名は、その植物が属する属名と、その植物の特徴を表す種小名で成り立ちます。苦みの原因となる「ククルビタシン」は、ウリ科の科名「ククルビタシア」に由来します。また、「モモルデシン」はゴーヤーの属名「モモルディカ」にちなみ、「チャランチン」は種小名「チャランチア」にちなんで名づけられているのです。

ゴーヤーが苦いのは、成熟するまでです。完熟すれば、タネのまわりが赤いゼリー状になり、甘みを伴います。果実が熟すまでは、中のタネが成熟していないので、動物に食べられないように、苦みでタネを守っているのです。

タネが完全にでき上がると、動物が食べてくれるように、タネのまわりに甘みができておいしくなるのです。スプーンでその果肉を、すくって食べることもできます。完熟しても食べられずに放っておかれると、果実はおいしい果肉を見せびらかすように割れてきます。

鼻にツーンとくる〝辛み〟

「鼻にツーンとくる」と形容される辛みは、ワサビの辛みです。ワサビは、冷涼な気候と日陰を好み、清らかな渓谷の清流に育つ、日本原産の植物です。ワサビの学名は「ワサビア　ヤポニカ」です。

「ワサビア」の「ワサビ」は日本語の「ワサビ」です。「ア」がつけられているのは、学名はラテン語で示されるので、「ワサビ」がラテン語化したためについた語尾です。ですから、「ワサビア」は、この植物がワサビ属であることを示し、「ヤポニカ」が、日本生まれであることを意味しています。日本原産ですから、ワサビは、英語名も「ワサビ（wasabi）」で通用します。

この植物は、同じアブラナ科の東ヨーロッパ原産の「ホースラディッシュ（セイヨウワサビ）」と区別するために、「ジャパニーズ（日本の）ホースラディッシュ」ともよばれることがあります。

ワサビにする部分は、「根」と「茎」という字を並べて「根茎（こんけい）」とよびます。この部分には、凸凹（でこぼこ）がありますが、葉っぱが出ていた後で、茎の証になります。また、この部分からは、細い根も出てくるので、根とも考えられ、根茎とよばれるのです。

ワサビは きれいな水の流れるところで栽培されて、根から他の植物の発芽や成長を抑える物質を出し、それが自分の成長をも抑えることになります。そのため、きれいな水でその物質を流しながら育つのがふつうです。

鼻にツーンとくる辛みと香りは、「アリルイソチオシアネート」という物質です。これが、ワサビの刺激的な香りと強い辛みの正体です。鼻にくる理由は、この物質には、揮発する性質があるためです。口から揮発して、鼻に伝わり、鼻にある「痛みを感じる感覚器」を刺激するのです。

この辛みは、ワサビにとっては、自分のからだを動物に食べられるのを防ぐためです。私たちが、そのまますりおろさずにワサビを食べると、辛みがありません。でもすりおろすと、汁が出て、アリルイソチオシアネートができます。

すりおろされる前のワサビには、「シニグリン」と「ミロシナーゼ」という二つの物質が存在しています。シニグリンは、アリルイソチオシアネートができる前の物質であり、まだ辛みはありません。ミロシナーゼは、シニグリンに作用して、アリルイソチオシアネートをつくり出す物質です。

すりおろされる前は、シニグリンとミロシナーゼという二つの物質は接触しないようになっています。すりおろされると、二つの物質が接触して反応し、シニグリンからアリルイソチオシアネートができるのです。この物質は辛みの成分ですから、すりおろされたワサビは辛くなります。

虫がかじっても、汁が出て、アリルイソチオシアネートという辛みと香りの成分ができます。きめ細かにすりおろしたときには、よく汁が出るので、ミロシナーゼとシニグリンの反応がよく進み、アリルイソチオシアネートが多くできます。だから、辛みと香りが増します。

「鮫（さめ）の皮でおろしたらいい」といわれるのは、鮫の皮が、きめ細かな、ざらざらの皮だからです。ですから、ワサビをすりおろす〝おろし金〟は、きめ細かにすりおろせるように、鮫の皮を真似てつくられたものが使われます。

刺身などを食べるときに、ワサビと醤油（しょうゆ）を使います。ワサビは日本固有の醤油との相性が非常にいいのです。ワサビに、わざわざ醤油をかけることがあるのは、醤油に含まれる塩分で、ミロシナーゼという物質の働きを高めて、ワサビの香りと辛みを多く出させるためです。

たとえば、すりおろした直後のワサビの辛みは、醤油といっしょになると増すのです。ワサビは、シニグリンを辛みに変えるミロシナーゼに、醤油を加えると、辛みが約2倍になります。シニグリンを辛みに変えるミロシナーゼは、塩分で活性化されるからです。

ワサビは、畑でも栽培できます。ただ、畑で栽培すると、自分がつくり出すアリルイソチオシアネートが流されないために、その物質によって根茎の肥大が妨げられ、根茎が肥大しません。

ですから、ワサビの畑栽培は、葉や茎を食べるのに向いています。ワサビの葉っぱと茎もおいしいです。この場合、茎とよんでいますが、葉の下についている茎なので「葉柄(ようへい)」とよばれます。

ワサビの香りには、カビの繁殖や、細菌の増殖を抑制する効果があります。その性質を利用して、ワサビの成分を練り込んだシートがつくられています。これが、お弁当や駅弁、お惣菜やお節料理などの日もちを長くするのに使われる薄い透明な「ワサビシート」です。

といっても、「ワサビの香りに、ほんとうに、カビの繁殖や、細菌の増殖を抑制する抗菌効果があるのか」と、疑問に思う人もいます。でも、ワサビの香りが、カビの繁殖を抑える効果をもつことは、実験で容易に確かめることができます。

二つの密封できる容器を準備し、両方の容器の中に、カビの生えやすいお餅のような食べ物を入れます。そして、一方には、香りを強く発散させている、すりつぶしたワサビを入れた小さな容器を入れて、密封します。もう一方には、ワサビを入れない小さい容器を入れて密封します。

これらを暖かい場所に置いて、何日かが経過すると、ワサビを入れない小さい容器を入れたほうのお餅には、カビが生えてきます。しかし、香りを強く発散させているワサビを入れた小さな容器を入れたほうには、カビはなかなか生えてきません。

column
ワサビの香りは、「火災報知器」に使われる！

火災報知器は、警報音で火事を知らせます。しかし、高齢化社会になってくると、警報音が聞こえない人や、聞こえにくい人が増えてきます。「すでに、600万人を超えている」といわれます。このような人々には、火事を音で知らせても役に立たないので、確実に気づかせ、目覚めさせる火災報知器が求められます。

その期待に応えて、〝香り〟が噴き出す火災報知器が生まれました。火災報知器に穴があって、火事を感じると、その穴から、〝刺激的な香り〟が噴き出すのです。火災報知器内に置かれたスプレーの中には、その香りが詰められています。その刺激的な香りとは、ワサビの香りでした。

この火災警報装置をつくったグループは、2011年、イグ・ノーベル賞を受賞しました。この賞は、1991年に、アメリカで創設されたもので、「ユーモアにあふれ、考えさせられる独創的な研究」に与えられるものです。「イグ」は反対を意味し、「後ろに続く語句を否定する」といわれます。ですから、イグ・ノーベル賞は、

＊＊

「裏のノーベル賞」といわれることもあります。

偶然にも、ワサビの花言葉は「目覚め」です。でも、花言葉からワサビの香りが、気づかせ、目覚めさせる火災報知器に選ばれたわけではありません。何十種類もの香りを多くの人に嗅いでもらい、もっとも安全に確実に、気づかせ、目覚めさせる香りが調べられた結果、ワサビの香りが選ばれたのです。

〝辛み〟もいろいろ

〝辛み〟は、ワサビだけでなく、多くの植物たちが身につけている味です。ここでは、サンショウ、ダイコン、トウガラシ、シシトウ、コショウ、ショウガ、タデの〝辛み〟について紹介します。

サンショウ（ミカン科）の原産地は日本といわれ、英語では、「ジャパニーズ・ペパー」とよばれます。「ペパー」は、コショウのことですから、「日本の胡椒」という意味になります。

小さな若い葉には、強い香りがあります。この香りは、**植物にとって、病原菌の感染を予防し、虫などにかじられないために役立ちます。**また、この葉は、日本料理の食材となり、煮物に添えられたり、お吸い物に浮かべられたり、「木の芽あえ」として食されます。

この植物は、古くから、「小粒でピリリと辛い」といわれます。辛みで実を守っているのです。辛みは、主に「サンショオール」「サンショウアミド」という成分によるものです。

この成分は、私たち人間には、胃液の分泌を促すことで、消化を助け、また血行をよくして、からだをポカポカと温めます。そのため、サンショウはちりめん山椒、七味唐辛子などにも使われています。

「ピリッと辛い！」という味は、ダイコンのキャッチフレーズです。ダイコンはアブラナ科の植物で、原産地はヨーロッパとの説がありますが、確定はしていません。日本での古い呼び名は、春の七草の一つである「スズシロ」です。

ダイコンの辛みは、私たちの味覚を刺激したり、食欲をわかせたり、他の料理のおいしさを際立たせたりする効果があります。しかし、葉や根をかじる虫たちにとって、決して心地よいものではないでしょう。

ダイコンの辛みは、「アリルイソチオシアネート」という物質によるものです。この物質は、発ガンを抑制する働きがあることが知られています。ダイコンでは、「葉の近くの上部はおいしいが、とがった先端のほうの部分は辛くておいしくない」といわれます。

ダイコンでは、茎と根の境目は定かではありませんが、上の部分は茎で、下の部分は根です。ダイコンでは、尖った先端が伸びます。「先端が虫に食べられずに伸びるために、辛みの成分を多くもっている」といわれます。
トウガラシの辛みの成分は、「カプサイシン」という物質です。この物質名は、トウガラシの属名「カプシカム」にちなんで名づけられています。トウガラシの辛みは、ワサビの辛みのように、食べても鼻がツーンと痛くなりません。カプサイシンは、揮発性の物質ではないので揮発しないからです

2008年に、米ワシントン大学の研究チームが、トウガラシの原産地である熱帯アメリカのボリビアに自生するトウガラシを、昆虫が多い地域や少ない地域などの7か所で採取して、含まれるカプサイシンの量を調べました。すると、「昆虫が多い地域のトウガラシはカプサイシンを多く含み、昆虫の少ない地域のトウガラシはカプサイシンをほとんど含んでいない」という結果になりました。

昆虫が多い地域のトウガラシにカプサイシンが多い理由として、「昆虫が実をかじると、表面に傷がつき、そこから病原菌が侵入する。病原菌が実の中に侵入すると、繁殖してタネを殺してしまう。それを防ぐためである」と説明されました。

カプサイシンは、病原菌の繁殖を妨げる作用があります。ですから「昆虫の多い地域のトウガラシは、多くの辛みを身につけてからだを守る」ということになるのです。

同じトウガラシでも、辛みが違うことがあります。この一つの原因は、品種の違いです。トウガラシはナス科の植物で、品種は数多くあります。辛い品種もあるし、そんなに辛くない品種もあります。

辛いので有名な品種は「鷹の爪」で、辛くない品種なら、「万願寺唐辛子」や「獅子唐辛子」などがあります。ピーマンやパプリカも、辛くない品種のトウガラシの仲間です。

「獅子唐辛子」は、略して「シシトウ」とよばれる品種です。家庭菜園でシシトウを栽培している人は、「1本の株にできた実でも、実によって辛みが違う」という経験をすることがあります。

この場合、1本の株にできた実ですから、辛い理由は、品種の違いでは、説明できません。1本の株にできたシシトウでも、辛みが違うのは、「成長の途上でストレスが多いと、辛くなる」といわれる現象が理由です。

「温度や水分、日照りなどがいい条件で、すくすく大きくなったシシトウは、辛みが少ない」といわれます。それに対し、暑さや乾燥や日照りなどのために、水不足のようなストレスを感じて、時間をかけて、大きくなってきたシシトウは辛い傾向があります。苦労して育ったシシトウは、「味が深い」ということでしょうか。「同じ株のなかでも、温度や水分、日照りなどの環境の違いがあるのか」との疑問があるかもわかりません。同じ株の中の部分によっては、日照りの違いが少しはあるでしょうが、部分によって、温度や水分の違いはないでしょう。

ただ、同じ株にできるシシトウであっても、できる時期は異なります。ですので、時期により、温度や水分、日照りなどの環境の違いが起こりますから、シシトウの味にも差異が生まれます。

コショウやショウガも〝辛い〟と表現されます。しかし、これらは、それぞれ、コショウ科、ショウガ科に属する植物で、植物学的な類縁関係はありません。これらの辛み成分は、それぞれ異なっており、コショウでは「ピペリン」や「シャビシン」、ショウガでは「ジンゲロール」や「ショウガオール」などです。これらの植物は、**それぞれが自分独自の辛みのある物質をつくることにより、虫や鳥などの動物から、からだを守っているのです。**

それでも、すべての虫や鳥などの動物から、逃れられるわけではありません。人の好みがいろいろ異なることを表現する、「タデ食う虫も、好き好き」ということわざがあります。タデは辛いのですが、そのタデを好んで食べる虫もいるのです。

この表現がよく使われる割には、タデの味は意外と知られていません。「タデは、どんな味か」と思われたら、刺身のつまに添えられている紅色の小さな植物を少し味わってみてください。あれがタデの芽生えです。痛いような辛みがあります。

タデの辛みは、「タデオナール」という成分です。ことわざのとおり、あの味をほんとうに大好きな虫がいるのかはわかりませんが、あの味を嫌がる虫は多いのでしょう。それらの虫から、タデはからだを確実に守ることができます。

どうしたら、渋柿は甘くなる？

味には、「渋い」「苦い」「酸っぱい」「辛い」「甘い」など、いろいろあります。これらの味の好き嫌いは、人それぞれで異なるのと同じように、虫や鳥などの動物の種類によっても違うでしょう。しかし、虫や鳥などの動物がもっとも嫌がるのは、私たち人間にとっても、嫌な味と思われます。

とすると、もっとも嫌がられる味は、「渋い」という味です。「酸っぱい」「辛い」

「甘い」という味を好む人はいます。また、「苦み」を好む人も多くはありませんがいます。

しかし、「渋い」という「苦みを伴った、舌をしびれさせる味が好き」という人に出会ったことはありません。「渋い」というのは、多くの虫や鳥などの動物にとっても嫌な味のはずです。

「渋み」をもつ代表は、クリの実です。クリの実では、渋皮を取り去ることで、渋みはなくなります。クリと並んで「渋み」をもつ果物は、カキです。カキの渋みは、面倒です。なぜなら、カキの渋みは、クリの渋皮のようにまとまってあるわけではなく、果肉や果汁の中に溶け込んでいるからです。

そのおかげで、渋いカキの実は、虫や鳥などに食べられません。しかし、実の中のタネができあがってくると、カキの実は、渋柿の実であっても、渋みが消えて甘くなります。

「渋柿」が渋みを感じない「甘柿」になるとき、「渋が抜ける」と表現します。ところが、ほんとうは、渋が抜け去るわけではありません。カキの渋みの成分は、クリの渋皮の成分と同じで、「タンニン」という物質です。渋柿というのは、タンニンが果肉や果汁に溶け込んでいるカキなのです。

果肉や果汁に溶けているタンニンには、溶けない状態の「不溶性」に変化する性質があります。タンニンが不溶性の状態になると、タンニンを含んだカキの果肉や果汁を食べても、口の中でタンニンが溶け出してこないので、渋みを感じることはなくなります。果肉や果汁に溶けているタンニンを不溶性の状態にすることを、「渋を抜く」と表現します。

ですから、「渋柿が、渋を抜かれて、甘柿になる」という現象が起こっても、甘さが増すわけではありません。また、渋みの成分であるタンニンがなくなるわけではありません。渋みが感じられなくなり、渋みのために隠されていた甘みが目立つようになるだけです。

カキの二大品種は、「富有（ふゆう）」と「平核無（ひらたねなし）」です。「富有」は「甘柿の王様」といわれますが、タネがあります。「平核無」は、タネがなくて食べやすいので、人気があります。でも、これは、もともとは渋柿です。

近年は、人為的に「渋柿から渋を抜く」という技術が発達しています。そのため、多くの消費者は、渋みを感じずに、このカキを食べることができます。「このカキが、もとは渋柿だ」ということに気づかずに食べている人は、多いはずです。

タンニンを不溶性にする物質が、「**アセトアルデヒド**」という物質です。アセトアルデヒドというのは、なじみのない物質のように思えるかもしれません。でも、私たちには、かなり身近な物質なのです。

とくに、お酒を飲む人には、関係が断ち切れない物質です。お酒に含まれるアルコールは、飲んだあとに体内に吸収されて血液中に入り、アセトアルデヒドになります。この物質が、「酔う」と表現される症状を引き起こす元凶なのです。

「お酒を飲むと、酔う」というのは、アルコールが原因と思われます。それはそうなのですが、「**酔う」という現象を引き起こすのは、アセトアルデヒドという物質なのです。**

顔が赤くなったり、心拍数が増加したり、動悸が高まったりするのは、この物質のためです。さらにひどい場合には、吐き気がしたり、翌朝に頭痛などの二日酔いの症状が出るのも、この物質が原因です。

渋柿の中に発生したこの物質は、果肉や果汁に溶けているタンニンと反応して、タンニンを不溶性の状態に変えます。アセトアルデヒドによって、タンニンが不溶性のタンニンに変えられた姿が、カキの果実の中にある「黒いゴマ」のように見えるものです。これは口の中で溶けないので、食べても渋みを感じることはありません。黒ゴマのような黒い斑点が多いカキの実ほど、渋みは消えているのです。

果肉や果汁に溶け込んでいるタンニンを人為的に不溶性にする方法は、カキの果実の呼吸を止めることです。カキの実も生きていますから、私たちと同じように、「酸素を吸って、二酸化炭素を放出する」という「呼吸」をしています。**人為的に、この呼吸を止めると、カキの果実の中に、アセトアルデヒドができてきます。**

渋柿の呼吸を止める方法が、「渋を抜く」という技術です。いろいろな方法があります。たとえば、渋柿をお湯につけます。お湯につかったカキは、呼吸ができません。ですから、アセトアルデヒドができます。水ではなくお湯につけるのは、温度が少し高いと、アセトアルデヒドができやすいからです。

アルコールや焼酎を利用する方法もあります。カキが呼吸をしているヘタの部分をアルコールや焼酎につけてから、カキを密封したビニール袋に入れておきます。すると、呼吸ができなくなるとともに、アルコールや焼酎を吸ったカキには、アセトアルデヒドが発生しやすくなり、渋が抜けます。

また、二酸化炭素を充満させた袋に、渋柿を入れることがあります。二酸化炭素が充満した袋の中では、酸素がないので、呼吸ができません。ドライアイスを袋の中に入れることもあります。ドライアイスは気体の二酸化炭素を低い温度で凍らせたものですから、溶けると二酸化炭素が発生します。ですから、ドライアイスを袋に入れるのは、二酸化炭素を充満させるのと同じ効果が期待されます。

「渋柿を干し柿にすると、甘くなる」ことも、よく知られています。渋柿の皮をむいて干すと、果肉の表皮が硬く分厚くなります。そのため、空気が果実の内部に入らないので、呼吸ができなくなり、アセトアルデヒドが発生します。

最近は、「カキは、若い人に人気のない果物」といわれます。その理由の一つは、香りがないことです。また、包丁で皮をむきにくいことも原因です。

もう一つの嫌われる大きな理由は、タンニンが不溶性になってできるゴマのような黒い斑点です。

これが果肉の中にあるために、おいしそうに見えず敬遠されているのです。でも、あの黒い斑点があるからこそ、カキの果実の渋みを感じずに、おいしさを味わえるのです。果肉に黒いゴマがたくさんあるカキはおいしいのです。

column

のどをイライラさせる〝えぐみ〟

タケノコには、「えぐい」と表現される味があります。「えぐい」というのは、「あくが強く、のどをいらいらと刺激する味」と、辞書には書かれています。そのため、タケノコを食べるときには、このえぐみをとるために、十分に茹でます。そのとき、米ぬかを加えます。「米ぬかがお湯に加えられると、タケノコのえぐい成分が、お湯の場合より数十倍もよく溶け出す」といわれます。

また、タケノコにえぐみを出させないためには、「タケノコは、お湯を沸かしてから掘れ」といわれます。タケノコのえぐみの主な成分は、「**ホモゲンチジン酸**」という物質です。ホモゲンチジン酸は「チロシン」という物質からつくられます。

チロシンを酸素と反応させて、ホモゲンチジン酸をつくる物質は「酵素」とよばれるもので、熱に弱いという性質があります。そのため、タケノコを掘り出して、すぐに熱を加えると、この酵素がはたらかないので、ホモゲンチジン酸がつくられないのです。すなわち、タケノコのえぐみは出てこないということになります。

＊＊

甘み、酸み、塩み、苦み、旨み、辛み、渋みなどの〝味〟を示す漢字は、よく知られています。しかし、「えぐみ」という漢字はあまり知られていません。「えぐみ」には、「あくが強く、のどをいらいらと刺激する味」とは別に、もう一つ、「人を強烈に不快にさせる味」という意味があります。

その意味で、えぐみのある質問になるかもしれませんが、『えぐみ』って、どんな漢字なのか？」と尋ねてみます。「えぐみ」は、漢字で「蘞み」と書きます。

植物の〝おいしさ〟を求めてどこまでも！

おコメの〝おいしさ〟

おコメは、私たちの主食の食材として、空腹を満たしてきました。しかし、近年、「おいしいおコメ」がもてはやされ、おコメには、空腹を満たすだけでなく、〝おいしさ〟が求められています。

「おいしいおコメ」とひと言で表現されますが、おいしいおコメは、どのような性質をもっているのでしょうか。私たちがふつうのご飯として食べるおコメは、「うるち」、あるいは、「うるち米」といわれます。漢字では、「粳」、あるいは、「粳米」と書かれます。この「粳」という字は、「硬くてしっかりしている」という意味を含み、うるち米の性質を表しています。

うるち米の中で、おいしいおコメの代表といわれるのは、「コシヒカリ」という品種です。このおコメの〝おいしさ〟の秘密を知る研究から、おコメの〝おいしさ〟の主な性質が明らかになりました。

おコメには、多くの「デンプン」が含まれます。デンプンは、「ブドウ糖」という物質が並んで成り立っています。ブドウ糖は、英語名では、「グルコース」とよばれます。ブドウ糖のつながり方の違いにより、デンプンは二つに分けられます。アミロースとアミロペクチンです。

多くのうるち米の品種がアミロースを20〜22パーセント含んでいたのに対し、「おいしい」といわれるコシヒカリのアミロースの含有量は、17〜18パーセントでした。コシヒカリのアミロース含有量は、他の品種より数パーセント少なかったのです。このアミロースの含有量が、おコメのおいしさを支配しているのです。

「このわずかの差が、おコメのおいしさを左右するのか」との疑問が浮かびます。また、「アミロースの含まれる量が少ないおコメは、ほんとうにおいしいのか」と疑問に思われるかもしれません。

でも、実際に、アミロースの含まれる量を少なくしたおコメが「おいしい」と評価されるのです。それを裏づけるのは、コシヒカリに続いて、「おいしい」と人気のあるおコメのアミロース含有量です。

近年、日本の作付面積でコシヒカリに続くのは、「あきたこまち」「ひとめぼれ」「ヒノヒカリ」ですが、それらのアミロースの含有量は、いずれも、約17パーセントです。

ただ、**「アミロースの含有量が低いおコメがおいしく、高いおコメがおいしくない」というのは、単なる好き嫌いによるものです。日本人の多くが、アミロースの含有量が少なく粘り気のあるおコメを「おいしい」と感じるだけなのです。**

実際に、日本のおコメを好まない人もいます。たとえば、アメリカ人には、日本のおコメを「スティッキー」と表現し、「おいしくない」という人が多くいます。「スティッキー」は、「にちゃにちゃ」という粘り気のあることを意味する言葉です。

「うるち」、あるいは、「うるち米」は漢字で、「粳」、あるいは、「粳米」と書かれることを紹介しました。ちなみに、お餅をつくるのに使うお米である「もち米」の漢字は、どうでしょうか。多くの場合、「餅米」という字が書かれますが、これは誤りです。お餅に使われる「餅」という字は、「丸くて平たい」を意味する文字で、お餅になったときに使われるものです。お餅になる前のもち米に、「餅」を使うのは正しくありません。「もちごめ」は、正しくは、「糯」、あるいは、「糯米」と書かれます。この「糯」という字は、「しっとりとした粘り気のある」という意味を含んでおり、もち米の性質をそのまま表しているのです。

サツマイモをおいしく食べる

私たちは、サツマイモを、焼いたり蒸したりなど、調理をして食べます。もし調理せずに生で食べると、ほとんど甘みがありません。なぜ、焼いたり蒸したりすると甘くなるのでしょうか。

調理する前のサツマイモには、甘みのもとになる物質が多く含まれています。これは「デンプン」とよばれる物質です。もう一つ、サツマイモの中には、「β(ベータ)ーアミラーゼ」という物質が含まれています。これがデンプンにはたらきかけると、「麦芽糖（マルトース）」という成分が生まれてきます。この麦芽糖が、サツマイモの〝甘み〟の成分なのです。

しかし、室温のような通常の温度のもとでは、デンプンとβ(ベータ)ーアミラーゼの反応は起こりません。そのため、焼いたり蒸したりする前のサツマイモでは、麦芽糖がつくられておらず、サツマイモは甘くないのです。

サツマイモに含まれるデンプンは、高い温度に保たれると、ネトッとした糊(のり)のような状態に変化します。これは、「糊化(こか)」とよばれる現象です。この反応は、温度の高さに依存し、65〜75度で、もっともよく進みます。

サツマイモの中に含まれるβ(ベータ)-アミラーゼは、「糊化」していない状態のデンプンには、はたらきかけません。デンプンが糊化すると、β(ベータ)-アミラーゼがよくはたらきかけます。その結果、甘みの成分である麦芽糖がつくられ、甘くなります。ですから、**サツマイモが甘くなるためには、まず糊化するために、高い温度に保たれなければなりません。**

β(ベータ)-アミラーゼの作用も、温度により異なります。最適な温度は、65〜75度です。糊化がよく進む温度と同じなのです。これ以下の温度では、反応があまり進まず、これ以上の高い温度になると、β(ベータ)-アミラーゼの働きは衰えていきます。結局、糊化する温度と、β(ベータ)-アミラーゼがよくはたらく温度は、同じで、65〜75度なのです。

ですから、**サツマイモでは、内部の温度が約70度に保たれるように、時間をかけてゆっくりと焼かれたり蒸されたりすると、β-アミラーゼはよくはたらくので、デンプンが糊化して麦芽糖がつくられるという反応がよく進むのです。**すなわち、デンプンがよく分解されて、多くの麦芽糖が生じ、甘いサツマイモになります。

サツマイモの品種にもよりますが、麦芽糖のほかには、少量ですが、「ショ糖（スクロース）」「果糖（フラクトース）」「ブドウ糖（グルコース）」などがつくられます。これらも、サツマイモの甘みに貢献します。

石焼き芋の場合には、温められた石を介して、熱がサツマイモに伝えられ、サツマイモの内部が、長い時間、約70度に保たれるように焼かれます。これが、石焼き芋が甘い理由です。

それに対し、「電子レンジで調理すると、おいしい焼き芋にならない」といわれます。これは、電子レンジでは、短時間に急激に温度が上昇してしまい、イモの内部が約70度に保たれる時間が短く通過してしまうためです。温度が上がりすぎると、β-アミラーゼの働きがなくなってしまうのです。

約70度に長く保つことが、甘くなる理由だということなら、石焼き芋でなくても、蒸す場合も、その温度に保っておけば同じように甘くなると思われます。たしかに、イモは蒸されると、甘くなりますが、石焼き芋のように、甘くはなりません。この理由は、蒸した場合には、イモに水分が多く含まれることが原因です。

これに対し、焼かれた場合には、「水分が蒸発するので、甘みが凝縮している」と考えられます。そのため、「蒸した場合よりも、焼いたほうが甘く感じる」といわれます。

「ジャガイモにも、デンプンがよく含まれるのに、サツマイモのようなおいしい焼き芋にならない」と不思議がられることがあります。たしかに、ジャガイモの、ホクホクの〝ふかし芋〟は十分においしいですが、甘みは、サツマイモの焼き芋には及びません。これは、ジャガイモに含まれているβ(ベータ)-アミラーゼが少なく、麦芽糖が多くつくられないためです。

フルーツトマトの誕生

〝塩〟というのは、植物にとっては味というようなものではなくて、生きていくために戦う相手となる物質です。でも植物は、それを使って、今まで発現していなかった新しい性質を生み出すのに利用しているのです。

近年、トマトと塩との戦いの中から、糖度の高い「フルーツトマト」が生まれました。フルーツトマトは、品種名ではありません。水分を控えて栽培され、通常のトマトの糖度5～6度を超えて、糖度8度以上に与えられるトマトの総称で、フルーツのような甘さが特徴です。

このトマトの発祥の地は、高知県高知市徳谷(とくたに)地区といわれます。1970年の台風で、この地区の堤防が決壊し、海水が畑に流れ込みました。塩分が高くなった畑では、野菜は育たないと考えるのがふつうですが、そうではないことがわかったのです。

塩分が残った畑で、小粒ながら甘いトマトが実ったのです。これが、フルーツトマト栽培のきっかけになりました。「『塩水で栽培される』ことから生まれた、甘いトマト」と表現しても、間違いないのです。

「なぜ、塩水で栽培されると、甘いトマトができるのか」との疑問が浮かびます。塩分が残った畑では、水の吸収が妨げられます。ここでも、「なぜ」との疑問が浮かびます。

「どのようにして、根は水を吸収できるのか」と考えてください。根が水を吸収できるのは、液体の性質に基づいています。その性質とは、「**濃度の異なる二つの液体が接触したときには、両方の液体が同じ濃度になろうとする**」というものです。

この性質は、根に含まれる糖分やビタミン、アミノ酸やミネラルなどの物質でも同じなのです。ふつうには、根の中には、いろいろな物質が含まれ、それらが溶けた状態の液があります。

根のまわりの土壌に水を与えると、根の中にある物質が溶けた状態の液と、根のまわりに与えられた水は、根の表皮を介して接触します。すると、ふつうは、根の中の液は濃度が濃く、土壌の水は濃度が薄いので、根の中の液と、土壌の水は、同じ濃度になろうとします。

同じ濃度になろうとするとき、二つの可能性が考えられます。一つは、根の中に溶けている物質が、土壌に含まれる水に移動して、同じ濃度になろうとする場合です。もう一つは、土壌に含まれる水が、根の中にある物質が溶けた状態の液のほうに移動して、同じ濃度になろうとする場合です。

ところが、根には、「**水は自由に通すが、根の中にある物質は通さない**」という性質があります。そのため、根の中にある物質が、土壌に含まれる水のほうに移動することはできません。とすれば、二つの液が同じ濃度になろうとするためには、土壌に含まれる水が根の中に移動するしかないのです。ですから、水が根の中に入ってくるのです。これが、根が水を吸収するしくみです。

ふつうは、根の中には、いろいろな物質が溶けているので、まわりよりも濃度が高い状態になっています。ですから、根のまわりの土壌に水があれば、根はそれを吸収することができるのです。土壌の水が根に移動するので、根は水を調達することができます。そのため、「根が水を吸収する」というよりは、「水が根に入り込んでくる」というのが、正しい表現かもしれません。

土壌の塩分が濃すぎると、水が根の中に入らず、逆に、根の中の水が濃い塩分の土壌に出てくるので、枯れてしまいます。

枯れないギリギリの濃度で、トマトが栽培されると、糖度の高いトマトができることがわかったのです。その後、この栽培方法は、「節水栽培」とよばれることもあります。

＊＊＊＊＊＊＊＊＊＊＊＊＊＊＊＊＊＊＊＊＊＊＊＊＊＊＊＊＊＊＊＊＊＊＊＊＊＊＊

column

めずらしい〝塩み〟の野菜

野菜や果物には、塩味はふつうはありません。でも、最近、ほんのり塩みのする野菜として「アイスプラント（iceplant）」という植物が話題となっています。塩みのするめずらしい植物です。

これは、南アフリカ原産の植物で、日本では、「有明海で栽培されはじめた」といわれます。塩分のある場所で育つので、「塩性植物」といわれたり、塩分があっても耐えて育つという意味で「耐塩植物」とよばれたり、塩分を吸収して育つという意味で「吸塩植物」などといわれます。

多くの植物が塩分を多く含んだ土地で生きていけないのは、過剰な塩分が正常な代謝を阻害するためです。アイスプラントは、過剰な塩分を体外へ排出するしくみをもっています。それが、茎や葉の表面に蓄積されて、きらきら光るのです。

このキラキラした部分は、水滴ではなく、塩分です。これが凍った水のように見えるので、この植物は「アイスプラント」とよばれるのです。

英語名のアイスプラントの別名で、「クリスタリン・アイスプラント」といわれます。クリスタリンは、透明でキラキラしたという意味で、葉や茎の表面の水滴のように見えることに由来します。

日本での商品名としては、「ソルトリーフ（塩みのある葉）」や「クリスタルリーフ」、プチプチした食感から「プッチーナ」、塩みなので、「ソルティーナ」や「シオーナ」などと、塩と結びついた名前が使われています。

＊＊＊

第5章

植物の〝からだを守る物質〟と〝しくみ〟の秘密

からだを守る〝機能性成分〟

〝第7の栄養素〟とは？

私たちが生きていくために必要な「三大栄養素」として、炭水化物、タンパク質、脂質が知られています。植物たちが、これらの物質をつくり出します。

炭水化物は、主に、生命を維持するためのエネルギー源となるものです。コメ、コムギ、トウモロコシなどの三大穀物や、サツマイモ、ジャガイモなどのイモ類などが多く含んでいる栄養素です。

タンパク質は、私たちの筋肉やからだをつくるために必要な物質であると同時に、代謝を速やかに進めるための酵素などを構成する成分です。ダイズやインゲンマメ、エンドウマメなどのマメ類が多く含む栄養素です。

脂質は、エネルギー源となったり、細胞膜の成分になったり、エネルギーを貯蔵する物質として体内に保たれます。これは、ゴマ、オリーブ、ナノハナ、ヒマワリ、ラッカセイやアーモンドなどの果実に多く含まれ、油として利用されます。

三大栄養素に、ビタミンとミネラルを加えて、「五大栄養素」といわれます。これらは、健康を維持するために大切な役割を果たす物質として、代謝を促すなどの働きをします。

ビタミンは、からだの中の代謝を円滑に進める役割を担っています。油に溶ける脂溶性と水に溶ける水溶性にわかれており、脂溶性のビタミンは、A、D、E、Kの4種類です。水溶性のビタミンは、B_1、B_2、B_6、B_{12}、パントテン酸、ナイアシン（ニコチン酸）、葉酸、ビオチンなどのB群の8種類とビタミンCです。ビタミンは、合計13種類があります。

ミネラルは、鉄分、カルシウム、カリウムなどで、植物たちがつくり出すものではありません。でも、植物たちが土壌から吸収します。私たちは、植物たちを介さずに、魚や貝類などが直接取り入れたナトリウムやマグネシウムなどを、肉類から鉄、亜鉛などを摂取する場合もあります。でも、多くのミネラルを野菜や果物を介して摂取しています。

ミネラルは、果物やワカメなどの海藻類に多く含まれます。植物ではありませんが、キノコにも多く含まれています。からだの機能を維持し調節するために必須な成分です。また、骨や歯などを構成する成分でもあります。

五大栄養素に、食物繊維を加えて、「六大栄養素」といわれます。食物繊維には、水に溶けない不溶性のものと、水に溶ける水溶性のものがあります。不溶性のものは、ヒジキ、コンニャク、ゴボウなどに多く含まれ、消化されない栄養素です。でも、腸から有毒な物質の排出を促し、腸がはたらく環境を整えるという役割を担っています。

六大栄養素に加えて、近年は、「機能性成分」とよばれる言葉があり、それらの成分が「第7の栄養素」とよばれます。これは、「フィトケミカル」といわれることもあります。「フィト」は植物であり、「ケミカル」は化学物質で、「植物がつくり出す化学物質」という意味です。

これらには、すでに紹介した、アントシアニン、カテキンやタンニンなどのポリフェノールや、カロテンなどのカロテノイドなどに属する物質が含まれます。表に示されるように、多種多様の物質が知られています。健康食品のカタログなどによ

［機能性物質］

抗酸化物質			多く含まれる野菜や果物など
ポリフェノール	フラボノイド	ケルセチン	タマネギ、アスパラガス
		ルチン	ダイズ、ソバ
		ルテオリン	シソ、ミント、セロリ
	アントシアニン		赤ワイン、ナス、黒マメ
	カテキン		緑茶、赤ワイン
	リグナン	セサミノール	ゴマ
カロテノイド化合物	β-カロテン		ニンジン、カボチャ、ホウレンソウ、シュンギク
	リコペン		トマト、スイカ
	ルテイン		トウモロコシ、ホウレンソウ
	フコキサンチン		ワカメ、ヒジキ、コンブ
	カプサンチン		トウガラシ
	アスタキサンチン		ヘマトコッカス（藻）

く出てくる物質名がずらりと並びます。

これらの物質は、植物たちのからだを守っているだけではなく、同じしくみで生き、同じ悩みをもっている私たち人間のからだも守ってくれます。

近年、野菜や果物に含まれている物質が、免疫力を高めたり、解毒力が強かったりなどの特定の機能をもつことが明らかになっています。

野菜に含まれる機能性物質

いろいろな野菜がもつ機能性物質が、私たちの健康を守るのに役立っています。

ここでは、ニンジン、カボチャ、レタス、ブロッコリーについて紹介します。

ニンジンの食用部の色が、代表的な抗酸化物質であるカロテンの橙色です。「カロテン（caroten）」という名称は、ニンジンの英語名である「キャロット（carrot）」が語源です。

だからこそ、ニンジンは、「カロテンの宝庫」や「カロテンの王様」といわれます。**カロテンは、抗酸化物質の働きはありますが、ビタミンAが不足したときに**

は、ビタミンＡに変換する性質があります。

ニンジンには、たっぷり含まれるカロテンの健康への効果が期待され、葉を食べる「葉ニンジン」も、夏には出まわります。

カボチャは、「冬至に食べると病気にならない」といわれます。その理由は、この果実の中にある橙色のカロテンという栄養成分のおかげです。この言い伝えは、野菜が不足する冬にカロテンやビタミンＣを補給する日本人の知恵です。私たちは、**「カロテンやビタミンＣを多く含み、保存がきく」**というカボチャの特性を、古くから生かしてきたのです。

また、カボチャは、「若返りのビタミン」といわれるビタミンＥも含みます。これには、かなりの抗酸化作用が期待されます。さらに、カロテノイドの一種である「キサントフィル」が含まれていて、これも強い抗酸化能力があり、有害な活性酸素の働きを抑えます。

レタスには、精神を安定させ、眠りを誘う成分が含まれます。その成分は、「ラクチュコピクリン」という物質です。これはレタスの属名「ラクツカ」と「苦いや苦み」を意味するギリシャ語の「ピクロス」とからなっています。

この物質の働きのため、レタスは、古くから、「鎮静作用がある」「催眠効果がある」「浮気封じにきく」「恋の炎を鎮める」「頭の疲れを癒す」といわれてきたのです。

近年、多くのスプラウトが市販されています。スプラウトというのは、光を当てて育てた、タネが発芽したばかりの芽生えを食べる「発芽野菜」のことです。**タネは、発芽するときに、貯蔵していた養分を使ってタンパク質などの物質をつくります。ですから、発芽をはじめた芽生えは、タネのときより、いろいろな栄養素を豊富に含み、健康によいのです。**

古くから、光を当てないで育てる発芽野菜なら、モヤシがあります。光を当てて育てる発芽野菜なら、カイワレダイコンがあります。ですから、スプラウトという聞きなれない言葉を耳にすると、新しい食材のようですが、その元祖は、昔からあるモヤシやカイワレダイコンです。

近年、スプラウトとして食べられる野菜の種類には、アルファルファやゴマや青シソ、豆苗、ソバ、レッドキャベツ、カラシナなど、いろいろあります。その中で、ブロッコリーが「人気、ナンバー・ワン」です。

その理由は、１９９２年に、アメリカのジョンズ・ホプキンス大学の研究者が、

「スルフォラファン」という成分が、ブロッコリーのスプラウトに多く含まれることを見出したことです。この物質は、「発ガン物質を無毒化したり、発ガン物質を体外へ排出したりする」といわれます。

ここで紹介した野菜だけでなく、いろいろな野菜が多種多様な機能性物質をもっています。ですから、多くの種類の野菜を摂食することが大切です。今後、これらの機能性がますます知られるようになってくると思います。

ただ、多くの種類の野菜を食べるのはよいことなのですが、食べる量も大切です。日本人の野菜摂取量は、年々減っています。成人一日一人当たり推奨されている野菜の摂取量は、３５０グラム以上です。しかし、日本人の摂取量は、２０１９年の数字では、２８０・5グラムでした。

「野菜は、３５０グラム以上を摂取しなければならない」といわれても、目安として、どのくらいの量かよくわかりません。そこで、一日に３５０グラムを食べるために、「ファイブ・ア・デイ運動」が行われています。

この運動は、アメリカではじまったものですが、近年、日本でも展開されています。「ファイブ・ア・デイ」とは、**「一日に5皿分の野菜を食べる」**という意味です。

一皿の小皿の野菜料理で、約70グラムです。ですから、小皿を5皿食べれば、約350グラムになります。「一日に、野菜を小皿の5皿分を食べよう」ということです。

多くの種類を摂食することは大切ですが、摂食する量もまた大切なのです。

果物に含まれる機能性物質

私たちの健康を守るために、野菜に負けず、果物も活躍してくれます。ここでは、ビワ、スイカ、イチジク、リンゴ、バナナを紹介します。

ビワは、オレンジ色の果肉が印象的な果物です。この色素はカロテノイドであり、**抗酸化物質のカロテンやクリプトキサンチンなどが主な成分です。そのため、老化を防止し、疲労を回復し、視力を保つことなどに有効にはたらくことが期待されます。**

ビワの葉っぱにも、ビタミンやミネラルなど、健康にもよい成分が含まれています。そのため、ドクダミやカキの葉っぱと同じように、お茶として飲まれることがあります。

ただ、ビワのタネや未熟な果実には、天然の有害物質が含まれています。２０１７年、ビワのタネを粉末にした食品から、天然の有毒な物質が高い濃度で検出され、製品が回収されることがありました。

農林水産省の２０１９年６月に更新されたホームページでは、「ビワなどのタネや未熟な果実には、天然の有害物質が含まれています。ビワのタネが健康によいというわさを信用して、有毒物質を含む食品を多量に摂取すると、健康を害する場合があります」という内容が掲載され、ビワのタネや未熟な果実を食べることに注意が喚起されています。

スイカは、多量のリコペンやカロテンを含んでいます。これらは抗酸化物質であり、有害な活性酸素を消去する作用が強いので、動脈硬化やがんを予防する働きが期待されます。

スイカには、とくに「利尿や解熱効果があり、利尿と解熱が必要な膀胱炎（ぼうこうえん）の治癒に有効」といわれます。利尿を促す成分は、「シトルリン」であることがわかっています。

イチジクは、昔から、「薬の木」とか、「不老長寿の果物」といわれてきました。ポリフェノールを多く含み、カリウム、カルシウムなどのミネラルも豊富だからです。

近年、**抗ガン作用のあるといわれる「ベンズアルデヒド」や、血圧降下作用のある「プソラレン」などが含まれていることがわかりました。「ザクロエラグ酸」が含まれているので、肌が黒くなる原因となるメラニンという色素の生成を抑えます。そのため、美白効果があると考えられます。**

リンゴには、抗酸化物質であるポリフェノールが多く含まれるので、老化や生活習慣病の原因となる活性酸素が消去されます。また、「多く含まれるカリウムが余分な塩分の排出を促し、血圧を下げる効果がある」といわれます。

果肉には、「リンゴ酸」という物質が豊富に含まれます。これは、リンゴから見つかった物質で、リンゴの酸っぱさは、この物質によるものです。疲労回復の効果があることが知られています。

リンゴは、「よく洗ったあとは、皮を剥かずに、皮ごと食べたほうがよい」といわれます。この理由は、「ペクチン」が皮の近くにあるためです。ペクチンは食物繊維であり、腸の調子をよくし、便秘を予防する効果があります。

英語のことわざに、「An apple a day keeps the doctor away.」というのがあります。日本語では、「一日1個のリンゴは、医者を遠ざける」と訳されます。「一日に1個のリンゴを食べていれば、お医者さんの世話になることはない」という意味です。

バナナの果肉や果汁の中には、ナトリウムの排出を促し、血圧を下げる効果をもつカリウムが多く含まれています。また、抗酸化物質であるポリフェノールが含まれています。

ポリフェノールは、空気中の酸素と接触して、黒褐色になります。しかし、皮を剥いたり、実を切ったりしなければ、この物質は空気中の酸素と触れることはありません。ですから、切らない実の中では、黒褐色にはならないのです。

ですから、「バナナの切り口が黒褐色になるのは、果肉や果汁の中に含まれていたポリフェノールという物質が、空気中の酸素と反応するからです」という説明は、間違ってはいません。

しかし、もう少し丁寧に説明すると、この反応を進めるためには、もう一つの物質が果肉や果汁の中に必要です。それは、「ポリフェノール酸化酵素」という物質です。この物質が、酸素とポリフェノールの反応を進め、ポリフェノールを黒褐色にするのです。

クレオパトラの美と若さを支えたもの

「世界の三大美女」として誉れ高いのは、クレオパトラ、楊貴妃、小野小町の3人です。楊貴妃は、中国の唐の時代、玄宗皇帝の妃だった人です。「平安時代の歌人であった小野小町が世界の三大美女の一人にあげられるのは、日本だけである」といわれます。世界的には、小野小町に代わって、古代スパルタの王妃でギリシャ神話の女神とされるヘレン（ヘレネ）が入るようです。

「クレオパトラ」といわれるのは、正確には、クレオパトラ7世（紀元前69—前30年）です。彼女は、エジプトのプトレマイオス朝の最後のファラオ（古代エジプトの王の称号）として活躍しました。

彼女は、「その美貌で、ローマ帝国のカエサル（英語名：シーザー）とアントニウスという二人の英雄の心を虜にした」といわれます。「もしも、クレオパトラの鼻がもう少し低かったら、世界の歴史が変わっていただろう」といわれるほど、彼女の美しさは大きな武器だったようです。

　クレオパトラだけでなく、「三大美女の3人が、ほんとうに美人であったのか」ということについては、疑問があるとの説もあります。しかし、美女の基準はむずかしく、求められる美人像は時代によっても変わるものですから、それには触れません。

　クレオパトラの美しさの一つの大きな要因は、肌の美しさでした。彼女は、「若々しさを保つために、すごく努力を払っていた」といわれています。クレオパトラが美しさを保つための美容法への努力はすごかったようです。

　真偽のほどは定かではありませんが、彼女は「エステの産みの親」といわれることもあります。クレオパトラの時代にエステの概念があったかどうかはわかりませんが、彼女の美しさを支えるために貢献したといわれる植物たちはいくつかありま す。ここでは、6種類を紹介します。

　一つ目は、ハイビスカスです。これはアオイ科の植物で、インドや中国の南部などが原産地です。ハワイの「州花」であり、マレーシアの「国花」です。日本では、観賞用に多くの園芸品種が栽培されています。ひと昔前、日本では、「ハイビスカスは真っ赤な、沖縄の花」でした。

クレオパトラが美貌と若さを保つために愛飲していたのは、ハイビスカス・ティーです。そして、「これが、彼女の美しさを保った」と語りつがれています。ちょっとお洒落な感じのするハイビスカス・ティーは、ハイビスカスの真っ赤な花の色素がお湯に容易に溶ける性質をもっていることを利用しています。

真っ赤な色素は、「アントシアニン」であり、老化を抑制する効果をもつことが知られる抗酸化物質である「ポリフェノール」の一種です。ハイビスカス・ティーには、アントシアニン以外にも、健康や美容によいビタミンCやクエン酸、カリウムなどが含まれています。

二つ目は、バラです。クレオパトラは、この花の香りをこよなく愛したといわれます。彼女は、「バラの花や花びらを、宮殿の廊下や部屋中に敷き詰め、部屋に香りを漂わせた」といわれます。

とくに、彼女の若さと肌の美しさを保ったのは、花や花弁を浮かべた「バラ風呂」といわれます。**バラ風呂の香りは、「ゲラニオール」「シトロネロール」「リナロール」など、多くの香り成分からなっています。これらには、抗菌や保湿作用があり、リラックス効果をもたらすといわれます。**

三つ目は、アロエです。この植物は、熱帯アフリカ原産のユリ科の多肉植物です。アロエと姿や形が似ており、同じような高温の乾燥した環境に育つ植物にサボテンがあります。でも、サボテンはサボテン科の植物で、アロエとは所属する科が別なので、仲間ではありません。

アロエのからだを折ったり傷つけたりすると、ネバっとした苦みのある液がドロっと出てきます。苦みの主な成分は、「アロイン」です。この液には薬効があるので、この植物は「医者いらず」とよばれるのです。傷口に液をつけるときにはたらくのは、殺菌効果の強い「アロエチン」という成分といわれます。

アロエの液には、美貌を保つパワーがあることも、また知られています。**皮膚に対して、保湿効果があるのです。皮膚の水分量を保持する効果が強く、「肌のうるおいを保つ」といわれます。**

「クレオパトラは、アロエベラの液を身体じゅうに塗りつけ、伝説の美貌を保ちつづけた」といわれます。「エジプトの強い太陽の光から、クレオパトラの肌の美しさとうるおいを守った」といわれるのは、アロエの液なのです。「コラーゲンの生産やヒアルロン酸の産出を促す」といわれ、「それらが、皮膚のはりを維持し、たるみを改善し弾力を保った」と考えられます。

アロエには、数百種以上の品種がありますが、その中でも、クレオパトラにもっともよく愛されたのが、アロエベラです。「ベラ」は、ラテン語で、「真実の」を意味します。ジュースやヨーグルトに使われているのは、アロエベラです。日本の家庭で多く栽培されているアロエは、キダチアロエという品種です。キダチ（木立ち）とよばれるように、木が立つように背丈は伸びます。

四つ目は、モロヘイヤです。この植物は、シナノキ科の植物で、エジプトあたりが原産地です。昔、エジプトの王様が原因不明の病気になったときに、「この野菜で治った」と言い伝えられています。そのため、「王様の野菜」とよばれました。アラビア語で、「王様の食べる野菜」という意味をもつ「ムルキーヤ」から「ムルヘイヤ」となり、「モロヘイヤ」と変化したといわれます。

日本では、１９８０年代から栽培されはじめた新しい野菜です。特徴は、葉っぱがネバネバの液を含むことです。その葉っぱは、「ビタミン、ミネラルの宝庫」といわれ、栄養がたっぷりであることが評価され、「野菜の王様」といわれます。

この植物の葉っぱを切り刻むと、ぬめりが出てきます。

「クレオパトラは、モロヘイヤのスープを好んで飲んでいた」といわれます。彼女が暮らしていたエジプトやアラビア半島では、古くから、このモロヘイヤは常食されていたとされます。「食物繊維が豊富で便通を促し、肌の美しさを保った」と言い伝えられています。

この野菜のスープには、**〝若返りのビタミン〟といわれるビタミンEがたっぷり含まれています。**そのため、モロヘイヤがクレオパトラの美しさを支えたことは十分に考えられます。

五つ目は、**ゴマ**です。この植物は、原産地はインドとかアフリカとかいわれます。ゴマの学名は、「セサマム　インディカム」といわれ、インド原産のように思われますが、アフリカと考えられています。

これは、ゴマ科の植物で、日本には、中国から伝えられました。縄文式時代の遺跡から、タネが発見されていることから、伝来はかなり古いと考えられています。

奈良時代には栽培され、平安時代には食用にされていたようです。

ゴマは、インドで「万能薬」とよばれ、中国で「不老長寿の秘薬」といわれる食材です。

クレオパトラの肌はツヤツヤだったといわれます。この肌のつややかな輝きを支えた源の一つが、ゴマなのです。クレオパトラは、美容のためにゴマのタネを食べ、ゴマ油を全身に塗っていたといわれます。

ゴマには、老化を抑制する効果をもつビタミンEや、この植物の属名「セサマム」や、英語名「セサミ（sesame）」に由来する抗酸化物質、「セサミン」や「セサミノール」が多く含まれています。これらの物質は、血圧降下効果、肝臓の機能改善などの健康への役割が知られていますが、老化を予防し肌を潤す効果もまた期待されています。

これらは、抗酸化物質ですから、油が酸素と反応することで劣化するのを防ぐ作用をもちます。そのおかげで、ゴマは長時間保存することができます。また、ゴマ油は、他の油と比べて、揚げものに長く使っても、風味が失われません。

六つ目は、ベラドンナです。真偽は不明ですが、クレオパトラは、ナス科の植物であるベラドンナの果実のエキスを用いて瞳を大きくしていたといわれます。昔から、クレオパトラだけでなく、多くの女性が目を美しく見せるためにベラドンナを使ってきたといわれるのです。

とくに、ルネサンスの時代のイタリアの女性は、この植物の汁を点眼していたのです。ベラドンナという名前は、イタリア語で「美しい（ベラ）」と「ドンナ（女性や貴婦人）」を意味します。そのため、この植物は、「美しい女性」や「美しい貴婦人」とよばれるのです。

ベラドンナという植物は、そんなに身近にあるものではありません。どこかの薬草植物園に行けば、見ることができるくらいのめずらしい植物です。ですから、花を知っている人は少ないのです。

多くの人は、「美しい女性」や「美しい貴婦人」という意味から、美しいはなやかな花を咲かせる植物を想像してしまいます。ところが、ベラドンナの花は、そんなに大きくもないし、はなやかさも美しさもあまり感じないものです。

この植物はナス科なので、花はナスの花とよく似ています。原産地は、西アジアからヨーロッパにかけての地域です。学名は、「アトロパ　ベラドンナ」です。

属名の「アトロパ」は、ギリシャ神話に登場する運命の女神アトロポスにちなみます。

〝ギャバ〟を多く含んだ〝ゲノム編集トマト〟

2021年9月15日、トマトが、国内で初めての「ゲノム編集食品」として発売され話題になりました。このトマトは、「ゲノム編集」という技術を用いて、「ギャバ（GABA）」と呼ばれる物質を4～5倍多く含むように改変されたものです。

「ゲノム」というのは、生き物の形や性質を決める遺伝子を含めて、親から子に伝えられていく遺伝情報のすべて一式を意味します。「ゲノム編集」というのは、その中の、ある特定の遺伝子に人間が手を加えて、強くはたらくようにしたり、あるいは、はたらかなくしたりすることです。

遺伝子は、生き物の性質や形などを決めていますから、ゲノム編集で遺伝子に手を加えると、生き物の性質を変えることができるのです。もともともっている有用な物質を多くつくらせたり、つくらせなかったりすることができます。

〝ギャバを多く含んだゲノム編集トマト〟は、ギャバという物質を多くつくらせようとしたものです。ギャバは、「γ（ガンマ）-アミノ酪酸」というアミノ酸の一種です。これは、トマトの中では、水が不足したときのストレスなどで増加する物質です。

人間にも、ギャバは、ストレスを軽くして、リラックス効果をもたらしたり、血圧の上昇を抑えたりします。そこで、この物質を多くつくるトマトが、ゲノム編集という最先端の技術を用いてつくられたのです。

トマトの中には、もともと、ギャバを多くつくらないように調節している遺伝子があり、ゲノム編集で、その調節している遺伝子をはたらかなくなるようにしたのです。その結果、この物質が多くつくられるようになりました。

ゲノム編集という技術を用いて、新しい性質をもった品種をつくり出し、それを食品に使ったものが、「ゲノム編集食品」とよばれます。ゲノム編集食品とよばれるのは、その生き物がもっている遺伝子を操作して性質を改変し、それを食品に使ったものです。

生き物の性質を変えた植物に、「遺伝子組み換え植物」というのがあります。これと「ゲノム編集食品」とは、大きな違いがあります。遺伝子組み換え植物は、他の生き物がもっている遺伝子を外から挿入する技術を使って、植物の性質を変えるものです。それに対し、ゲノム編集食品は、その生き物がもともともっている遺伝子を操作して性質を改変したもので、他の生き物がもっている遺伝子を使って性質を変えたものではありません。

ですから、ゲノム編集トマトは、「**トマトがもともともっている遺伝子を変化させて性質を変えた**」というものです。これは、今まで行われていた、突然変異を利用した品種改良と同じ方法と考えられます。ですから、「ゲノム編集トマトは、技術的に、〝安全〟」といわれます。

だからといって、この〝安全〟というのが、多くの消費者に〝安心〟と受け取ってもらえるかどうかは別です。まったく新しい技術でつくられたものですから、「想定外のことがあるかもしれない」との不安が残ります。

幸いにも、このトマトは、厚生労働省と農林水産省へ届け出がされており、「ゲノム編集食品」であることが表示されて、販売されています。

column

切り刻んでも、涙が出ないタマネギ

タマネギを手にもって、じっと見つめていても、涙は出てきません。ところが、タマネギを切り刻むと、涙が出ます。切り刻むと、涙を出させる揮発性の催涙物質がつくられるからです。

タマネギが切り刻まれる前には、揮発性の催涙物質はできていません。その原料となる成分と、それを揮発性の催涙物質に変化させる成分が、タマネギには含まれています。

ところが、この二つの物質は、切り刻まれる前に、出会わないようになっています。ですから、二つの物質は反応しません。そのため、涙を出させる物質はつくられないのです。

タマネギを切り刻むと、その二つの物質が出会い、揮発性の催涙物質がつくられます。原料となる成分を揮発性の催涙物質に変化させる成分は、「アリイナーゼ」と考えられてきました。

***

そのため、従来は、タマネギを切り刻むと涙が出る現象は、「切り刻むと出てくる汁の中に『アリイナーゼ』が含まれており、これが揮発性の催涙成分の原料となる物質と反応すると、タマネギの『揮発性の催涙成分』がつくられる」と説明されてきました。

ところが、２０１３年、イグ・ノーベル賞を受賞した人たちは、「アリイナーゼだけでは、揮発性の催涙物質はつくられず、その中間物質がつくられるだけ」ということを見出しました。

結局、揮発性の催涙物質がつくられるしくみは、２段階に分けられるということです。１段階目で、アリイナーゼがはたらいて、中間物質がつくられ、２段階目で、催涙成分をつくるための物質がはたらくということです。

２段階目ではたらく物質は、「催涙因子合成酵素」と名づけられました。「その物質がはたらかなければ、催涙成分はつくられない」と考えられます。そこで、遺伝子の導入という技術を使って、２段階目の催涙因子合成酵素がはたらかないようにされました。

その結果、切り刻んでも涙の出ないタマネギがつくり出されたのです。ところが、遺伝子の導入という技術を使っているため、安全性を確認するための審査などを受けなければならず、このタマネギは市販されませんでした。

でも、1段階目のアリイナーゼがはたらかないようにしても、催涙成分はつくられないはずです。そこで、1段階目のアリイナーゼがはたらくところで、それをはたらかせないような品種が育成されたのです。

アリイナーゼがはたらかなければ、中間物質はつくられず、そのあとの2段階目の反応は進みません。ですから、催涙成分はつくられません。その結果、切り刻んでも、涙が出ないタマネギができたのです。

２０１５年3月、新しい「涙の出ないタマネギ」の作出に成功したとの発表がありました。このときの「涙の出ないタマネギ」には、遺伝子を導入する技術は使われていませんでした。ですから、このタマネギは市販されるようになりました。

２０１５年、「スマイルボール」という名前で、このタマネギは、初めて市販されました。近年は、北海道夕張（ゆうばり）郡栗山（くりやま）町で栽培され、その地名にちなんで、「スマイルボール『栗山スイート』」とよばれています。毎年秋には、この「涙が出ないタマネギ」が出荷、発売されたと話題になります。

切られても大丈夫——頂芽優勢

花を摘み取る気持ちを楽にしてくれる！

私たちは、花の色や香り、姿の美しさに魅せられ、花を摘み取ったり切り花にしたりします。そんなとき、植物たちがせっかく咲かせた花を切り取るのは、植物のいのちの輝きを奪い取るようで、ひどく心苦しく感じることがあります。

しかし、私たちが胸を痛めるほど、植物たちは花を切り取られることを気にしていないはずです。植物たちには、花を切り取られても、もう一度、からだをつくり直し、いのちを復活させるという力が隠されているからです。

その力は、「頂芽優勢（ちょうがゆうせい）」といわれる性質に支えられています。成長する植物の茎の先端部分には、芽があります。この芽は、もっとも先端を意味する「いただき（頂）」という文字を「芽」につけて、「頂芽」とよばれます。植物では、この頂芽の成長がよく目立ちます。

しかし、茎を注意深く観察すると、芽は、茎の先端だけでなく、先端より下にある葉っぱのつけ根にもあります。これらは、「頂芽」に対して、「脇芽（わきめ）」「腋芽（えきが）」「側芽（そくが）」などとよばれます。

でも、それらの側芽は、ふつうは成長せず、頂芽だけがぐんぐん成長します。この植物の性質は、「頂芽優勢」といわれます。頂芽の成長は、勢いが優れており、側芽の成長に比べて優勢です。発芽した芽生えでは、この性質によって、頂芽がどんどんと成長をして、次々と葉っぱを展開します。

摘み取られる花や切り花にされる花は、多くの場合、頂芽の位置にあります。1本の茎の先端に花を咲かせているキクやヒマワリは、その典型的な例です。頂芽が花になっているとき、花をつけている茎を切り取って切り花にすると、残された茎の下方には、葉っぱが何枚か残ってついています。

その葉っぱのつけ根には、花が切り取られるまでは、側芽とよばれていた芽があります。上にあった花と茎が切り取られると、今度は、側芽の中で一番上にあったものが、一番先端の芽となります。すなわち、頂芽となるのです。

すると、**頂芽優勢という性質によって、その芽が伸び出します。側芽のときにすでにツボミはできており、頂芽が存在するために、成長できなかった芽が花を咲かせます。あるいは、花が咲く季節なら、その芽に新たにツボミがつくられ、花が咲きます。**先端の花が摘み取られても、切り花として切り取られても、残された植物では、一番上になった側芽が頂芽として伸び出し、花が咲くのです。

このことを知ると、花を摘み取ったり切り花にしたりするときに、私たちが感じる心苦しさは、軽くなります。これが、「植物たちは、花を摘み取られることや切り取られることを、それほど気にしていない」と思われる理由です。

頂芽の花を切り取ることは、それまで成長が抑えられていた側芽に、成長のチャンスを与えることになります。側芽は、表舞台に出る機会を与えられたのです。これらは、頂芽に咲いた花が切り取られなければ、りっぱに花咲くことなく生涯を終える運命にあったものです。

このように考え、切り取った花を無駄にすることなく、花として価値ある使い方をすることで、心苦しさは心の晴れやかさに変わるでしょう。また、切り取られた花や枝は喜ぶはずです。

［頂芽優勢のしくみ］

山菜の王様が市販されるしくみ

山菜といわれるものは、ワラビ、ゼンマイ、フキノトウなど、多くあります。その中で、「山菜の王様」とよばれる一つは、タラの芽です。漢字では、タラは「楤」と書かれ、「楤の芽」は、春にタラの木の枝の先端に芽吹いてきた芽であり、天ぷらなどにして食べられます。

でも、枝からりっぱに芽吹いてくるのは、枝の先端の芽だけです。タラの芽は枝の先端の芽にしかできないので、1本の枝に1個で、数が少なく貴重なもののはずです。だからこそ価値があるのかもわかりません。

ところが、近年、八百屋さんにタラの芽が売られています。山にできているタラの芽が集められて市販されているような少ない量ではありません。これは、人工的に栽培されているのです。「いったい、どのような方法で、タラの芽が栽培されているのか」と不思議に思われます。実は、タラの芽を栽培する方法は、頂芽優勢という性質を巧みに利用したものなのです。

タラの枝にも側芽があり、1本の枝があれば、芽は多くあります。ところが、頂芽優勢のために、山菜として食べられるように芽吹くタラの芽は先端にしかできません。

そこで、枝を細かく切って、一つの切り枝の先端に一つの芽をもつようにします。たとえば、１メートルの長さの枝があり、10個の芽があるとすると、枝を約10センチメートルの長さに切り取り、その枝の先端に必ず１個の芽をつけるように切り取ります。そうすると、芽を１個もった10本の切り枝になります。それを栽培するのです。

すると、それぞれの芽は頂芽になるので、春には頂芽優勢の性質で芽が吹き出してきます。**タラの芽が吹き出すための栄養は、芽の下についている切り枝の中に含まれています。**吹き出してきた芽が採取されると、タラの芽が市販されることになります。

どうして、豆苗は２度生える？

豆苗は、漢字で「豆の苗」と書きます。この「豆」は、エンドウ豆のことで、「苗」

はその豆から発芽してきた芽生えのことです。ですから、「豆苗」というのは、発芽したエンドウ豆の葉っぱと茎を食べる野菜です

多くの豆苗は、植物工場で、カイワレダイコンなどと同じように、エンドウ豆をパックに入れて水耕栽培したものです。１９９０年代に、植物工場で栽培される方法が日本で広がりました。

豆苗は一度収穫しても、また生えてきます。これは頂芽優勢に基づくものです。豆苗の姿を見てください。豆苗は先端の芽がグングンと伸びています。茎の一番上の芽がどんどん伸びているのです。

豆苗を収穫するとき、茎の上のほうを切ります。ということは、頂芽がなくなります。すると、**下には、脇芽とよばれるものが多くありますから、その中の一番上のものが、頂芽となって、頂芽優勢という性質に基づいて成長をはじめます。**

下に葉っぱがあれば、そのつけ根には、芽があり、それが伸びてきますから、一度収穫しても、また、生えてくるということになります。下に葉っぱを残さずに下にある豆のあるギリギリのところで切ってしまうと、豆苗であっても、２回目の収穫はできません。ですから、豆苗を食べるときには、根元から、２枚くらいの葉を

残して切ります。すると、芽があり（まだ、隠れている場合がありますが）、その下には、栄養をもつ豆が残っていますから、その栄養で、茎や葉が育ってきます。**植物たちには、「食べられるという宿命」があります。私たち人間が空腹を満たすだけでなく、健康に生きるためにも、植物たちがつくる物質を食べ、それに依存しているからです。**

もし植物たちが、その宿命を嫌って、食べられることを完全に拒んだら、私たち人間を含む地球上のすべての動物は生きていけません。植物たちは、そのようなひどいことを望んではいません。

多くの植物たちは、ハチやチョウに花粉を運んでもらいます。子孫を残すために、また、新しい生育地に移動し新しい生育地を獲得するために、動物にタネをまき散らしてもらいます。ですから、**「少しぐらい食べられてもいい」というしくみを身につけているのです**。それが「頂芽優勢」というしくみです。頂芽優勢というのは、すべての植物たちに共通な性質です。ですから、野菜でなくても、植木屋さんにキレイに剪定（せんてい）してもらっても、すぐに芽が出てきます。雑草を刈っても、すぐに芽が出てくるのもこの性質によります。

自分のからだを守るための物質

食べ尽くされないための物質

植物たちには、食べられるという宿命があります。もし植物たちが本気で完全に食べられることを拒めば、すべての動物が餓死してしまいます。そのため、植物たちは、「少しぐらいは、食べられてもいい」と思っているはずです。

といっても、植物たちは、食べ尽くされてはたまりません。そのため、有毒な物質を身につけています。手当たり次第に、また、好き勝手に食べられないようにしているのです。

植物を好きな人は、植物たちの有毒な物質の話を嫌がられる傾向があります。しかし、ひどく有毒な物質や、それをもつことが知られている植物たち以外にも、多くの植物たちが、自分が食べ尽くされないために有毒な物質をもっています。

もし「それは、ほんとうか」と疑って、身近にある名も知らない植物を食べてみると、まちがいなく、吐き気を催したり下痢をしたりするはずです。ですから、そのようなことは絶対にしないでください。

毒性が強いか弱いかは別にして、また、名前が知られているか知られていないかは別にして、多くの植物たちは、食べ尽くされないために、そのような物質をもっているのです。自分のからだを守りつつ、私たち人間と動物と、共存、共生しているのです。

有毒な物質をもっている植物たちであっても、その物質を常につくり続けているものもありますが、大切なときや、守らねばならない部分だけにつくるものもあります。

たとえば、ジャガイモなどは自分が芽を出すときには、「ソラニン」という有毒な物質をつくります。ですから、私たちは、「芽が出ると、ジャガイモは食べてはいけない」ということを知っています。

また、モロヘイヤというたいへん栄養のある野菜は、葉っぱをいくら食べてもいいのです。栄養的な価値は、ホウレンソウやコマツナを凌いでいるので、健康にはよいのです。でも、モロヘイヤにとっては、花を咲かせてタネをつくってくると、それを食べられては困ります。そこで、花が咲きタネができる部分には、「ストロファンチジン」という有毒な物質をつくります。

八百屋さんやスーパーマーケットで売られている葉っぱは、まったく安全です。でも、家庭菜園でこの植物を栽培する場合には、葉っぱ以外の花やタネを食べないように注意しなければいけません。

1996年10月、長崎県で、この植物の実のついた枝を食べた5頭のウシのうち、3頭が死にました。そのあと、この花やタネには、ストロファンチジンという有毒物質が含まれていることがよく知られるようになりました。

このように、植物たちは、そうすることで自分のからだを守っているのです。「少しぐらいは、食べられてもいい、でも食べ尽くされたくない」という思いなのでしょう。

植物たちは、守らねばならない部分にそのような物質をきちんとつくるという、私たち人間の役に立ちつつも、自分たちも存在していけるという方法を模索して生きているのです。

土地を死守するための武器

植物たちは、自分たちが生育している範囲、すなわち、〝なわばり〟を守っています。**なわばりには、自分の仲間でない種類の植物の発芽や成長をさせないのです。**そのために、他の種類の植物の発芽や成長を阻害するために、ある物質をまき散らします。この現象は「アレロパシー」といわれ、日本語では「他感作用」と訳されています。この原因となる物質が、「アレロパシー物質」です。

この物質を有名にしたのは、帰化植物のセイタカアワダチソウです。60〜70年前、この植物は、猛威をふるって、空き地や野原に繁茂しました。「なぜ、この植物はこんなに繁茂できるのか」と、不思議がられました。それに対し、主に三つの説明がなされました。

一つ目は、「帰化植物であり、日本に天敵や病害虫がいないためである」といわれました。この植物の原産地は、北アメリカで、日本には１９００年代のはじめに入ってきたといわれますが、正確な定説はありません。

しかし、「帰化植物であるため、日本に天敵や病害虫がいない」のは事実であり、猛威をふるって繁茂した一因です。日本にきて、その様子を見たアメリカ人が、その繁茂ぶりに驚いたといわれます。

二つ目は、この植物は、花の咲く時期が9月から12月と長く、多くのタネがつくられます。「1個体で、数万個のタネをつくる」や、「よく育った1本の株から、約27万個のタネが風に飛ばされていく」ともいわれます。

「数万個と約27万個では、違いすぎるではないか」と思われるかもしれません。しかし、この植物は雑草であり、養分が十分にある土地に育てば、大きな株になります。それに対し、肥沃(ひよく)でない土地で育てば、そんなにりっぱな株にはなりません。そのため、つくられるタネの個数も違ってくるのです。いずれにしても、多くのタネをつくることに変わりはありません。

三つ目は、「群落をなして成育し、背丈が高いために、その群落の中は暗く、発芽に光を必要とする多くの雑草のタネが発芽し成長するのがむずかしい」ということでした。

〝徒党を組む〟という表現があります。あることを企んで、同じ志をもつ仲間が集まり、結束を固めることです。植物が徒党を組むとは思えませんが、いかにも、徒

［代表的なアレロパシー物質］

植物	作用物質
セイタカアワダチソウ	シス・デヒドロマトリカリア・エステル
クロクルミ	ジュグロン（ユグロン）
シラン	ミリタリン
マリーゴールド	α-テルチエニル
マドルライラック	クマリン
ナギ	ナギラクトン
スイカ	サリチル酸
モモ	アミグダリン
アスパラガス	アスパラガス酸
エンバク	スコポレチン
オオムギ	グラミン
イネ	モミラクトン
アカマツ	P-クマル酸
ヘアリーベッチ	シアナミド

党が組まれたように固い結束で、他の植物は立ち入れないようななわばりをつくることがあります。

これらの性質が三つも合わされば、セイタカアワダチソウのものすごい繁茂は、「なるほど」と、納得されました。ところが、さらに、この植物が他の植物の発芽や成長を抑える秘密が暴かれたのです。

この植物は、「シス・デヒドロマトリカリア・エステル」というむずかしい名前の物質をつくって、自分のまわりにまき散らしていたのです。その物質は、他の植物のタネを発芽させなかったり、発芽した芽生えを枯らしたり、成長を抑えたりします。ですから、この植物のまわりに、他の植物が生えないはずでした。

このような働きをする物質は、総称してアレロパシー物質といわれます。**この物質は、自分たちの〝なわばり〟を守るための武器なのです。**この植物だけでなく、群生する植物たちでは、多くがアレロパシー物質を利用しています。

病原体からからだを守る〝ファイトアレキシン〟

私たちが病気になりたくないのと同じように、植物たちも、「病気になりたくない」と思っているでしょう。植物たちにも、多くの病気があります。ウドンコ病、サビ病、ベト病などです。そのため、植物たちは、カビや細菌、ウイルスなどの病原体から、自分のからだを守るためのいろいろのしくみを工夫しています。

植物たちのからだも動物のからだも、すべて細胞からできています。**植物の細胞と動物の細胞との大きな違いの一つは、植物たちのからだをつくる細胞のまわりには、硬い細胞壁があることです。**

そして、葉の表面は、それらを保護するように、クチクラ層とよばれる、ワックス状のもので覆われていることが多くあります。そのため、それらの植物たちの葉の表面は光ってみえます。これで、病原体の侵入を防いでいるのです。

しかし、病原体はその防御壁を破って、あるいは、防御壁のすき間から侵入しようとします。もし、病原体が侵入したら、そのとき、植物たちは、たいへん敏感に、驚くような反応を見せることがあります。侵入を受けて傷ついた細胞が、すぐに自分から死んでしまうのです。自分が死ぬことで、死んだ自分のからだの中に侵入してきた病原体を封じ込めてしまうのです。また、**自分が死ぬときに、まわりの細胞に、「病原体の侵入を受けたので、病原体をやっつける物質をつくりはじめよ」という合図を送ります。**まわりの細胞は、その合図を受けて、病原体と戦うための物質をつくりはじめます。その物質は、「ファイトアレキシン」といわれます。

植物たちが病原体と戦うための物質なので「ファイト」は、「戦い」や「闘志」を意味する「fight」と思われるかもしれません。しかし、「ファイト」は、ギリシャ語で「植物」を意味する「phyto」です。「アレキシン」は「防御物質」であり、ファイトアレキシンは、「植物がつくり出す防御物質」ということになります。この物質は、植物により、いろいろの種類があります。

ジャガイモには「リシチン」、サツマイモには「イポメアマロン」、エンドウには「ピサチン」、ダイズには「グリセオリン」、インゲンマメでは「ファセオリン」というように、病原体と戦う物質をもちます。それぞれの種類の植物たちが工夫を凝らして、自分独自の物質をつくり上げているのです。**植物たちは、〝化学者〟なのです。**

［よく知られている作物のファイトアレキシン］

ジャガイモ	リシチン、フィチュベリン
トマト	リシチン
タバコ	カプシジオール
サツマイモ	イポメアマロン
インゲンマメ	ファセオリン
ダイズ	グリセオリン
エンドウ	ピサチン
イネ	オリザレキシン、サクラネチン
ソルガム	メトキシアピゲニニジン
ハクサイ	ブラシニン
ニンジン	6-メトキシメレイン
ベニバナ	サフィノール

column

パイナップルを食べると、舌がチクチクする訳

パイナップルを多く食べると、舌がチクチクと感じることがあります。これは、パイナップルが、二つの物質を含んでいることが原因です。

一つは、パイナップルが「ブロメライン」というタンパク質を分解する物質をもつためです。舌の表面には、ぬるぬるとした感触があります。これは、舌の表面がタンパク質を含んだ液で被われているからです。

ところが、パイナップルを多く食べると、被っていたタンパク質がブロメラインによって溶かされてしまいます。そのため、食べたものが直接に舌に触れるため、舌が敏感になります。

もう一つは、パイナップルが「シュウ酸カルシウム」という物質を含んでいるためです。これは、顕微鏡で見ると、針のようにトゲトゲとしたものです。これが、表面のタンパク質が溶かされて敏感になった舌の表面に直接に触れて、チクチクと感じるのです。

＊＊＊

キウイを多く食べると、舌がチクチクと感じるというのも、パイナップルの場合と同じです。キウイには、「アクチニジン」というタンパク質を分解する物質とシュウ酸カルシウムが含まれるのです。

パイナップルやキウイが、このような物質をもっているのは、虫や幼虫、病原菌に食べられることからからだを守るためです。

「パイナップルとキウイは、多くの果物の中で、虫や幼虫、病原菌に食べられることからからだを守る力が、もっとも強い」といわれます。

参考文献

A.W.Galston「Life processes of plants」Scientific American Library １９９４
P.F.Wareing & I.D.J.Phillips（古谷雅樹監訳）「植物の成長と分化」〈上・下〉学会出版センター １９８３
田中修「緑のつぶやき」青山社 １９９８
田中修「つぼみたちの生涯」中公新書 ２０００
田中修「ふしぎの植物学」中公新書 ２００３
田中修「クイズ植物入門」講談社 ブルーバックス ２００５
田中修「入門 たのしい植物学」講談社 ブルーバックス ２００７
田中修「雑草のはなし」中公新書 ２００７
田中修「葉っぱのふしぎ」ＳＢクリエイティブ サイエンス・アイ新書 ２００８
田中修「都会の花と木」中公新書 ２００９
田中修「花のふしぎ１００」ＳＢクリエイティブ サイエンス・アイ新書 ２００９
田中修「植物はすごい」中公新書 ２０１２
田中修「タネのふしぎ」ＳＢクリエイティブ サイエンス・アイ新書 ２０１２
田中修「フルーツひとつばなし」講談社現代新書 ２０１３
田中修「植物のあっぱれな生き方」幻冬舎新書 ２０１３

田中修「植物は命がけ」中公文庫 2014
田中修「植物は人類最強の相棒である」PHP新書 2014
田中修「植物の不思議なパワー」NHK出版 2015
田中修「植物はすごい 七不思議篇」中公新書 2015
田中修『植物学『超』入門』SBクリエイティブ サイエンス・アイ新書 2016
田中修「ありがたい植物」幻冬舎新書 2016
田中修・高橋亘「植物栽培のふしぎ」B&Tブックス 日刊工業新聞社 2017
田中修「植物のかしこい生き方」SB新書 2018
田中修「植物のひみつ」中公新書 2018
田中修「植物の生きる『しくみ』にまつわる66題」SBクリエイティブ サイエンス・アイ新書 2019
田中修「植物はおいしい」ちくま新書 2019
田中修「日本の花を愛おしむ」中央公論新社 2020
田中修「植物のすさまじい生存競争」SBビジュアル新書 2020
田中修・丹治邦和「植物はなぜ毒があるのか」幻冬舎新書 2020
田中修・丹治邦和「かぐわしき植物たちの秘密」山と渓谷社 2021
田中修「植物のいのち」中公新書 2021
田中修「植物 ないしょの超能力」小学館 2021

田中修（たなか・おさむ）

1947年京都府生まれ。農学博士。専攻は植物生理学。京都大学農学部卒業、同大学大学院博士課程修了。アメリカのスミソニアン研究所博士研究員、甲南大学理工学部教授等を経て、現在同大学特別客員教授。

主な著書『日本の花を愛おしむ　令和の四季の楽しみ方』（中央公論新社）、『植物ないしょの超能力　学校では教えない草花のヒミツ90』（小学館）、『植物のいのち　からだを守り、子孫につなぐ驚きのしくみ』『植物はすごい　生き残りをかけたしくみと工夫』『植物のひみつ　身近なみどりの〝すごい〟能力』（中公新書）、『植物の生きる「しくみ」にまつわる66題　はじまりから終活まで、クイズで納得の生き方』（サイエンス・アイ新書）、『植物はおいしい　身近な植物の知られざる秘密』（ちくま新書）、『植物のすさまじい生存競争　巧妙な仕組みと工夫で生きる』（SBビジュアル新書）など多数。

誰かに話したくなる　植物たちの秘密

著者　田中修

二〇二三年二月一五日第一刷発行

発行者　佐藤靖
発行所　大和書房
東京都文京区関口一―三三―四　〒一一二―〇〇一四
電話　〇三―三二〇三―四五一一

フォーマットデザイン　鈴木成一デザイン室
本文デザイン　仲島綾乃
本文イラスト　押金美和
本文印刷　中央精版印刷
カバー印刷　山一印刷
製本　中央精版印刷

ISBN978-4-479-32046-3
乱丁本・落丁本はお取り替えいたします。
https://www.daiwashobo.co.jp